一本让你轻松玩转**Android 4.0**平板电脑的秘籍！

边看书，边操作，即可轻松玩转冰激凌三明治系统！

冰激凌
三明治的
诱惑

玩转
Android
平板电脑

李东海　张军翔　编著

U0207480

兵器工业出版社

内 容 简 介

　　本书主要介绍 Android 平板电脑的基本设置、系统的应用和众多第三方软件，共分为 11 章，从介绍 Android 平板电脑的基础使用开始，循序渐进地介绍了 Android 智能平板的基本操作、Android 平板电脑的设置和软件安装，随后以内置及第三方软件为重点，介绍 Android 平板电脑在日常生活、商务和休闲娱乐等多个方面的应用，使玩家可以轻松玩转 Android 平板电脑；最后专门用一个章节介绍了一些热门游戏及实用软件。

　　本书适用于 Android 4.0 平板电脑用户，也可供数码爱好者参考。

图书在版编目（CIP）数据

冰激凌三明治的诱惑——玩转 Android 平板电脑 /李东海，张军翔编著. —北京： 兵器工业出版社， 2012.7
ISBN978-7-80248-743-7

Ⅰ. ①冰… Ⅱ. ①李… ②张… Ⅲ. ①移动终端－应用程序－基本知识 Ⅳ. ①TN929.53
中国版本图书馆 CIP 数据核字（2012）第 095940 号

出版发行：兵器工业出版社
发行电话：010-68962596，68962591
邮　　编：100089
社　　址：北京市海淀区车道沟 10 号
经　　销：各地新华书店
印　　刷：北京博图彩色印刷有限公司
版　　次：2012 年 7 月第 1 版第 1 次印刷
印　　数：1-3500

责任编辑：赵成森　李　萌
封面设计：深度文化
责任校对：刘　伟
责任印制：王京华
开　　本：889mm×1194mm 1/32
印　　张：9（全彩）
字　　数：321 千字
定　　价：39.80 元

Andriod

与苹果iOS系统相比，谷歌的Android系统极具开放性，因此受到了广大用户的欢迎，Android系统的操作方法也逐渐成为粉丝们研究的热点。

Android平板电脑的玩法很多，可挖掘的东西很丰富，扩展途径五花八门，为了让读者能够一次性、系统性解决硬件、软件、网络应用等诸多领域的问题，本书整理了Android平板电脑的功能和使用技巧，将一些实用的设置、内置以及第三方软件的使用方法收纳其中，并将当前Android平板电脑设备应用专题内容延伸和扩展，提供完美的解决方案。

希望阅读本书的读者能从中获得一些帮助，并通过本书窥见Android尚未被开发的无限可能，全面且深度地探索出Android更多的功能，并将其发挥得淋漓尽致，真正成为Android平板电脑达人。

本书特色

内容全面：本书涵盖了Android操作系统的绝大部分功能，同时介绍了许多优秀的第三方软件，内容丰富充实，同时还介绍了深度进阶的系统升级过程，竭力做到让读者"只有菜鸟想不到的，没有达人不会玩的！"

逻辑清晰：本书根据Android系统中功能的不同，对章节进行了合理划分，讲解循序渐进，具有层次感，读者通读之后会对Android系统及Android的应用有个清晰的认识。

表达方法合理：在写作过程中，避免了冗繁的文字叙述，通过大量的详细操作截图来展示具体应用，做到图文对照、简单易学。

　　本书适用于Android 4.0平板电脑用户，也可作为数码爱好者的参考。

　　本书从策划到出版，倾注了出版社编辑们的心血，特在此表示衷心的感谢！

　　本书是由诺立文化策划，李东海、张军翔编写。除此之外，还要感谢陈媛、陶婷婷、汪洋慧、彭志霞、彭丽、管文蔚、马立涛、张万红、陈伟、郭本兵、童飞、陈才喜、杨进晋、姜皓、曹正松、吴祖珍、陈超、张铁军对本书提出的宝贵意见。

　　尽管笔者对书中的案例精益求精，但疏漏之处仍然在所难免。如果您发现书中的错误或某个案例有更好的解决方案，敬请登录售后服务网址向笔者反馈。我们将尽快回复，且在本书再次印刷时予以修正。

　　再次感谢您的支持！

编著者

CONTENTS 目录

第1章　Android平板电脑初体验

第2章　Android软件安装和管理

第3章 Android平板电脑系统管理

第4章　平板电脑数据同步和备份

第5章　Android谷歌应用专区

第6章　Android平板电脑屏幕美化

第7章　Android平板电脑商务办公

第8章　Android平板电脑网络生活

第9章 Android平板电脑轻松娱乐

第10章 Android平板电脑生活帮手

第11章 Android平板电脑游戏随身玩

第 1 章

Android
平板电脑初体验

只要使用手机，关注数码产品，就一定不会对Android陌生，无论是手机、平板电脑、MP4、GPS导航、互联网、电视机，随处都可见Android的身影。Android平台由操作系统、中间件、用户界面和应用软件组成，是首个为移动终端打造的真正开放和完整的操作系统，就像PC上面运行着微软的Windows，苹果机上运行着Mac一样。系统的开放性为其赢得了巨大的市场，并得到市场的广泛认可。

1.1 Android平板电脑按键基本操作

本书在介绍实战操作方面的技巧时，采用的是Android 4.0.3系统（出产时搭载Android 2.3.1系统，后期升级至Android 4.0.3系统）的平板电脑，使用Android其他版本（或者其他UI版本）的平板电脑操作上可能会略有不同。

1.1.1 启动与关闭设备

启动平板电脑

如图1-1所示，Android平板电脑一般都拥有各种接口，机身右侧从上至下依次为：标准USB插口（用于连接U盘、外接鼠标和3G网卡等设备）、外置TF卡扩展接口、mini-USB数据接口（用于数据传输）、3.5mm标准耳机接口、电源插口（外接电源充电器）、Reset键（即系统复位键，用于重启系统）、电源键（用于打开、关闭设备和进入待机状态）。

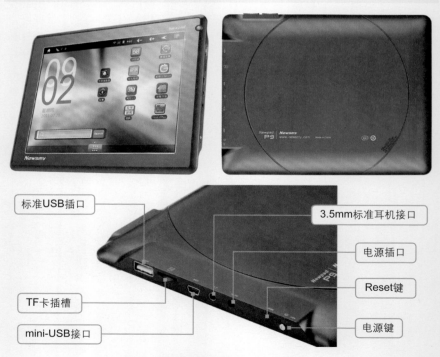

图1-1 Android平板电脑外观和各种接口

机身侧面的圆形电源键，按住3s后松开即可启动平板电脑。另外，在使用平板电脑时也可以短按电源键，使平板电脑进入休眠待机状态。长按电源键后，屏幕会显示出厂商的LOGO，这时需要等待平板电脑启动完毕。

关闭平板电脑

　　在使用平板电脑的任何时候，长按机身电源键，直到弹出如图1-2所示的界面，这时可以选择静音模式或者关机。单击"关机"选项后，系统还会弹出如图1-3所示的确认窗口，单击"确定"按钮，系统会自动关闭。

重启平板电脑

　　由于启动软件过多造成运行内存不足，或者软件运行时遇到无响应等情况的时候，就需要重新启动平板电脑。

　　当出现死机系统不响应时，按住电源键6 s以上，平板电脑将会自动关闭电源。如果在确认电池并未耗尽的情况下仍然无法开机，可以按照产品说明进行系统恢复，或者联系售后进行维修。

图1-2　Newpad选项

图1-3　关机确认

1.1.2　手指触控动作

　　Android平板电脑和所有的触屏设备一样，所有的操作都离不开屏幕，通过手指或者触控笔对屏幕进行操作统称为手指触控动作或屏幕手势。只需通过单击、长按、拖曳、滑动、缩放、双击、旋转这7个简单的触控动作就可以玩转触摸屏。

单击手势

　　单击就是通过手指轻轻短按屏幕上的图标或按钮。单击手势的作用是启动应用程序、选择菜单或选项。例如，单击主屏幕上的"主菜单"按钮后，系统就会进入主菜单界面，如图1-4所示，与在Windows中单击"开始"按钮一样。

长按手势

　　长按手势是Android系统所独有的屏幕手势，在屏幕的不同位置进行长按操作会有不同的效果，大体分为桌面长按、图标长按和窗口小部件长按三种。

　　1. 桌面长按

　　在桌面的空白处，用手指按住屏幕3s以上，就会弹出如图1-5所示的菜单。通过这个操作可以在桌面上实现添加窗口小部件，添加快捷方式和更换壁纸等操作，非常简便。

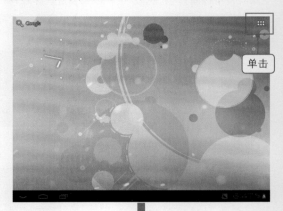

图1-4　单击手势的操作示例

图1-5　长按桌面弹出"选择壁纸来源"对话框

2. 图标长按

图标长按和下面将要介绍的拖曳屏幕手势是一套连贯的动作，单独的图标长按的最大用处就是将位于程序菜单中的程序图标取出放到桌面上，或者进行其他操作。例如，长按主菜单中的"QQ"图标，主屏幕上便出现了对应的快捷方式，如图1-6所示。

图1-6　通过长按添加"QQ"快捷方式

3. 窗口小部件长按

在后面的内容中会详细介绍窗口小部件的使用，Android系统的窗口小部件是其他系统所不具备的独特功能。当长按桌面上的窗口小部件3s以上时，就可以对其进行移动或删除等操作，如图1-7所示。

图1-7　长按窗口小部件可对其进行操作

拖曳手势

拖曳手势是很多智能操作系统具有的屏幕手势功能，目的是为了自由的放置图标和小部件。在平板电脑中，拖曳常用作调整图标/小部件的位置和删除（卸载）图标（程序）。

如图1-8所示，如果希望将桌面上的"设置"图标清除，只需长按图标并将其拖曳到屏幕上方边缘的"×"图标处，程序和"×"图标全部变红时再松开。

图1-8　拖曳操作删除快捷方式图标

滑动手势

对没有导航按键的平板电脑来说，浏览网页滚屏的唯一方法就是在页面上用手指上下滑动来实现。如图1-9所示，在傲游Pad版浏览器上浏览网页，用手指向下滑动网页时就会出现浅黄色的手势轨迹。

对于平板电脑来说，拿来看电子书是非常舒服的，这时滑动手指就能实现非常逼真的翻页效果，如图1-10所示。

图1-9　滑动网页以浏览全部信息

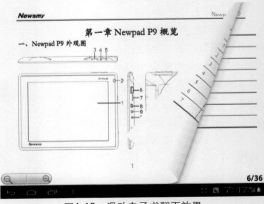

图1-10　滑动电子书翻页效果

此外，滑动还用于平板电脑解锁、任务栏调出等。例如，在设置菜单中上下滑动屏幕时，页面会随着手指滑动的方向滚动，使用户可以浏览到菜单的全部选项。

 滑动手势对于拥有多分屏功能的Android系统来说也是实现很多特效的手段。例如，3D桌面切换就是通过单侧滑动屏幕实现的，如果安装不同的桌面美化程序还会有更多的滑动手势效果。

缩放手势

缩放手势是多点触控功能的屏幕设备所具有的快速放大缩小功能，主要用在网页缩放、游戏场景缩放和图像缩放等方面，功能相当于放大镜。

在浏览网页时，如果字体太小，则只需要伸出两根手指触摸想要放大的区域位置，手指向两端滑动，即可将两根手指为中心的区域快速放大，如图1-11所示。

图1-11 通过缩放手势放大字体

双击手势

用手指快速点击触摸屏两次，用以快速放大或还原。例如，在浏览网页或图片时，双击放大视图，再次双击还原。如图1-12所示，用手指在浏览器界面的目标位置处双击，此处就被放大。

旋转手势

针对大部分画面，只要将平板电脑侧向转动，在重力感应技术的支持下，屏幕方向将自动旋转至适合显示的方向。例如，从直向变为横向，完成横屏与竖屏显示之间的转换。如图1-13所示，在输入文字时，可以将手机侧向转动，以显示更大的键盘。

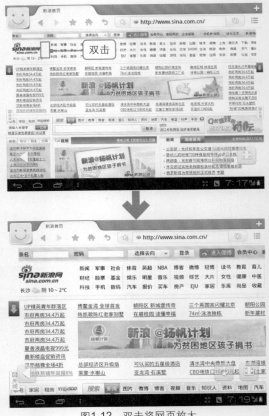

图1-12 双击将网页放大

图1-13 旋转手势改变屏幕显示方式

平板屏幕是否能够自动旋转为横屏，主要和平板电脑是否内置了重力感应器以及所安装的软件是否支持屏幕旋转有关。

单击、长按、拖曳、滑动、缩放、双击、旋转这7个简单的屏幕手势几乎贯穿整个平板电脑的使用，下面的内容中会继续介绍这些操作。

1.2 Android平板电脑界面基本操作

平板电脑开启后，首先映入眼帘的是主屏幕，可以说主屏幕是平板电脑的"面子"，而要认识最真实的Android平板电脑，就需要从界面开始熟悉。

1.2.1 锁屏和解锁功能

Android平台在设计电源键的时候也加入了锁屏这个人性化的功能。轻按平板电脑的电源键，即可将平板电脑暂时锁屏，锁屏后屏幕会暂时关闭。

谷歌在Android 4.0.3系统中，更改了待机的解锁画面，用户只要在锁屏界面中用手指滑动解锁键到圆圈之外（单击解锁图标时，会在图标周围产生波纹圆圈，这是Android 4.0.3系统增加的特效），即可达到解锁的目的，如图1-14所示，和Android 2.X系统中的左右或者上下滑动不太一样。

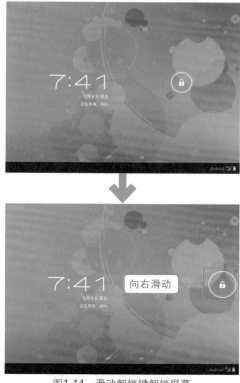

图1-14 滑动解锁键解锁屏幕

锁屏之后的平板电脑不会影响音乐、视频、QQ或者游戏的播放和运行。当然，若向右滑动解锁键，还可以达到直接启动拍照功能的目的。

1.2.2 主屏幕自由定

Android系统的主界面与常用的Windows操作系统一样，分为几个功能区，主要包括：状态栏、快捷电源开关、标签栏、程序图标和小部件等。由于经过第二次开发，平板电脑系统的UI设计显得更加精美，大号的IPS屏幕使显示效果有了明显改善。

 屏幕中最下面的图案就是在Windows系统中被称为"壁纸"的背景，本书采用统一的背景配图，显示操作中可以根据喜好更换图片，后面的章节中将详细介绍。

主屏幕切换

但不要以为这就是Android系统的全部主屏，它采用的是多分屏设计。在桌面空白处轻轻向左滑动屏幕，就会发现这个桌面像抽屉一样，又被拉出了一块，如图1-15所示。基于Android经典的分屏设计，可将屏幕由一个变为多个，极大扩展了屏幕空间。

图1-15 滑动切换主屏幕

Android系统桌面不同于其他系统，仅仅是快捷方式的大杂烩，经过一段时间的使用和熟悉，每个用户都可以DIY出自己最喜爱的屏幕布局，从而极大提高使用效率。

主屏幕显示

在待机情况下，整个屏幕的底部为状态栏，其作用主要有以下3个：一是显示平板电脑的基本状态，如时间、电量图标；二是显示平板某些功能的开启状况，比如当用户打开蓝牙、已连接Wi-Fi、SD卡被移除等，可以从状态栏中看到相应的图标；三是显示通知信息，比如当收到新的邮件时，状态栏会给予相应的图标提示等。

图1-16　打开通知面板

此外，当通知到来时，状态栏左侧会增加一个图标，例如，当平板电脑与PC连接时，会出现USB连接提示等。当平板电脑处于主屏界面时单击右下角的状态栏，系统将会弹出选项菜单，如图1-16所示。或者单击状态栏并轻轻向上滑动，便可将通知栏拖曳出来，并查看通知栏上出现的许多通知信息详情，如图1-17所示。

图1-17　主界面选项菜单

如果批量安装软件或者频繁对平板电脑进行操作，则会在通知栏残留许多通知信息，这时候可以单击右侧的"×"图标按钮来清理已经知晓的通知信息。

 按住通知面板底部的控制列，用手指在画面上向上滑动可以关闭通知面板，或者直接按返回键也可以起到相同的作用。

如果安装了针对手机开发的小程序，打开程序无法全屏显示时，系统还是自动显示一个"屏幕自适应图标" ，如图1-18所示。单击该图标，则会显示两个选项供用户选择是否将软件画面放大。

图1-18　屏幕自适应图标

注意　能根据屏幕范围放大程序是Android 4.0.3系统的新功能之一。若是首次运行该系统，还会给出相应操作提示，如图1-19所示。

图1-19　兼容性缩放说明

桌面多"+"操作

在主屏幕状态下，单击"菜单键"就可以进入到"全部应用程序"界面，这里显示了所有固件中已经安装的全部程序和软件，方便查找，如图1-20所示。当一屏不能完全显示所有程序图标时，可以通过手指左右滑动屏幕，来查看延伸界面，寻找想要的应用程序。

图1-20　浏览所有程序

在某一应用程序上单击，即可直接运行选择的程序（遗憾的是不能调整程序的位置），程序是按照英文字母的顺序排列的。

1. 在主屏上添加快捷图标

初次接触Android的人都会安装海量的程序，可以像在Windows系统一样建立桌面快捷方式。进入程序菜单后，想要对某一应用程序建立快捷方式，只需长按该软件图标，直到出现如图1-21所示的画面时，即可将图标拖动到所需位置，下次启动的时候就可以不用再在众多程序中翻找了。

图1-21 添加快捷图标

要想重新排列主屏幕上的图标，可以长按想要移动的图标直到此图标放大显示，将图标拖动到预定位置松开手指即可；拖动想要移动的快捷方式图标至页面的交叉处，可以将它移动到主屏幕的其他页面上；对于已经不需要的程序图标，可以将其拖动到屏幕上方的"×"图标上完成删除。

2. 添加桌面窗口小部件

在Android 4.0.3系统中，添加桌面窗口小部件的方法与在Android 2.3以下版本的系统有所不同。在应用程序界面，单击屏幕左上方的"窗口小部件"选项卡，或在屏幕上用手指向左滑动，即可切换到窗口小部件界面，如图1-22所示。

图1-22 "窗口小部件"界面

这里列出了系统中所有可放置到桌面的窗口小部件。当可选择的窗口小部件容纳不下时，可以通过左右滑动浏览全部内容。长按任意一个小部件则可以在桌面上生成快捷方式。例如，在此长按"音乐"窗口小部件后，将在桌面添加一个音乐控制栏，可使音乐发烧友更方便地选择自己喜欢的歌曲，如图1-23所示。

图1-23　添加窗口小部件

　删除桌面窗口小部件的方法与删除桌面程序快捷图标的方法相同，此处不再赘述。

　第三方软件小部件：目前很多面向Android平台的第三方软件业开发了独特的窗口小部件工具，比如在平板电脑上安装开心网软件的用户，就可以用这种方式添加开心网的小部件到桌面上，实时关注好友的最近动向。微博控们也可以在主屏幕添加微博小部件，来随时发布自己的心情，与好友互动。

3．在主屏上添加文件夹

在Android 2.3以下版本的系统，在桌面上具备创建文件夹功能，然后把程序图标集中放在文件夹下。而在Android 4.0.3系统中，为让新建文件夹功能变得更加简单，用户只需要把要放在一起的图标拖动到一个图标上叠加起来即可，如图1-24所示。

图1-24　拖动并叠加图标

然后单击一下这个叠加了其他快捷方式的图标，就可以展开之前叠加的所有应用程序图标，如图1-25所示。文件夹建立好以后，利用这种方法可以将同一类程序拖入同一个文件夹中，这与苹果的iOS系统有点类似。

图1-25 单击图标展开文件夹

 单击黑色方框下方边缘显示"未命名文件夹"的位置，可以从中输入新的名字为文件夹命名，而长按文件夹中的图标还可以调整其顺序位置。

1.2.3 屏幕显示手动调

在应用程序界面单击"设置"选项，再在出现的界面中选择"显示"选项，则会打开"显示"设置选项列表，如图1-26所示，通过它可以对桌面进行进一步的修改。

在显示设置选项中，可以对桌面的显示效果进行手动调节，其中，"亮度"指屏幕的亮度；"壁纸"指关于主界面的背景设置；"休眠"指调整屏幕自动锁定前的延迟等，一切关于桌面显示设置的选项都在这里。

图1-26 "显示"设置选项

例如，选择"亮度"选项，会弹出一个关于亮度明暗的对话框，如图1-27所示，可以通过用手滑动滑块来手动调整，蓝色区域越长，则屏幕越亮，反之则屏幕越暗。在滑动滑块的同时，屏幕将会根据滑块的位置，自动随调整改变亮度，感觉合适后单击"确定"按钮即可。

图1-27 "亮度"对话框

"休眠"选项，简单的描述就是因为Android平板电脑都会自动省电关闭屏幕，当一段时间不对平板电脑进行操作时，屏幕就会自动关闭进入待机状态，而这个等待时间就是休眠。

1.3 Android平板电脑巧设置

前面章节中介绍了Android平板电脑的部分设置功能，这一节将具体介绍如何设置，包括语言设置、调节声音、设置时间、校准屏幕以及关于设备的一些基本信息等。

1.3.1 语言设置

在"设置"界面中选择"语言和输入法"选项，在这个设置菜单中主要包括了设备使用的语言选择，以及Android平板电脑的输入方式设置，如图1-28所示。Android平板电脑可以安装第三方输入法，在"键盘和输入法"选项菜单中，还可以管理已安装的输入法，可

图1-28 "语言和输入法"菜单

以打开、关闭或者对输入法进一步设置。单击"语言"选项，将进入到语言菜单窗口，在该窗口中可以切换系统语言，如图1-29所示。

图1-29　"语言"菜单

 　　其中也包括了对Android键盘的设置，单击"默认"选项，将弹出"选择输入法"对话框，从中可以将自己喜欢的输入法设置为默认，使操作更方便。

1.3.2　调节声音

　　Android平板电脑在音乐播放、视频播放以及各种软件和游戏的使用过程中都脱离不了声音，所以声音的设置对于平板电脑来说也是不可或缺的。在设置菜单中选择"声音"选项，即可进入声音设置菜单，它共分为三大部分，分别是"音量"、"铃声和通知"、"系统"，如图1-30所示。

　　在"声音"设置菜单中选择"音量"选项，打开"音量"对话框，主要分为"音乐、视频、游戏和其他媒体"、"铃声和通知"、

图1-30　"声音设置"菜单

"闹钟"三种音量的设置，如图1-31所示。滑动音量滑块调节音量的大小，蓝色部分越长，则音量越大，当滑块位于最左端时，为静音状态；滑块在最右端全部为蓝色部分时，音量最大。设置完成后单击"确定"按钮进行保存退出即可。

图1-31 "音量"对话框

 平板电脑的静音模式与手机的静音模式有所不同，它是除了媒体和闹钟之外，所有的声音设置为静音，相当于是选择静音的一键操作，称为"静音模式"。

除了上述关于音量的设置外，在声音设置菜单中，还可以对通知铃声、触摸提示音、屏提示音以及触摸振动等进行设置。

1.3.3 设置时间

选择"设置"菜单中的"日期和时间"选项，进入"日期和时间"设置菜单，其中包括"自动确定日期和时间"、"设置日期"、"设置时间"等内容，如图1-32所示。

图1-32 "日期和时间"设置菜单

 在Android平板电脑自身的设置中，只包括了具体时间的设置、时区、是否是24小时制以及日期显示的格式。有些桌面软件会更改Android系统的设置，也可能会单独进行设置，并且安卓系统版本不同，设置也会有些区别，不过大体一致。

在"日期和时间"设置菜单中，前面两个"自动确定日期和时间"、"自动确定时区"选项需要连接网络进行设置。

这里主要介绍手动设置Android平板电脑的日期和时间。如图1-33所示，选择"设置日期"选项后，会弹出一个"设置日期"对话框。

图1-33　"设置日期"对话框

调整日期的时候，每个数字上下两端分别有上下箭头按钮，单击即可对日期中的年月日进行调整，也可以直接选择右侧的日期数字来进行调整。设置完成后，单击"设置"按钮，系统会自动保存刚才的设置。其他选项不再逐一介绍。

1.3.4　摸清Android平板电脑系统信息

Android操作系统和平板电脑硬件要互相配合才能发挥最大的性能。硬件主要包括CPU、内存、硬盘等，也就是非软件。下面具体介绍这款Android平板电脑的系统硬件情况。

查看平板电脑的系统和硬件

在"设置"菜单中选择"关于手机"选项，将出现"关于手机"菜单，如图1-34所示。在这个设置菜单中以设备自身的信息为主，包括产品型号、系统版本和内核版本等信息。其中，这款平板电脑采用的是Android 4.0.3版本系统，固件版本是该平板电脑厂商提供的固件的版本，用户可以不定期到产品官网下载新固件进行刷机，更新固件会在一定程度上提升平板电脑性能，加强系统稳定性。

图1-34　"关于手机"菜单

测试平板电脑的性能

安卓跑分1.3是一款Android平板电脑性能测试软件，可以针对平板电脑的CPU、内存、2D/3D图像的性能提供一键式的完整测试，还提供了详尽的系统信息查看功能。单击"马上测试"按钮，软件将自动对平板电脑的性能进行测试，并最终给出测试总分，如图1-35所示。

图1-35　性能测试

1.3.5　其他设置小技巧

除了上述介绍的几个部分的Android平板电脑的主要常用设置外，还有其余很多关于Android平板电脑的设置，包括"位置服务"和"安全"、"应用程序"、"账户与同步"等，这里进行简单介绍。

"位置服务"和"安全"设置

图1-36和图1-37所示分是"位置服务"和"安全"的设置菜单，这里位置是指通过网络来确定Android平板电脑的位置，一般情况不是很常用。而关于安全的设置则比较重要，包括输入密码时，是否显示密码的字符；另外还可以设置设备的SD卡的密码，在访问SD卡时会要求输入密码，保护了移动存储卡的安全。

图1-36　"位置服务"设置菜单

"安全"设置菜单中，还包括"设备管理器"，用来添加或删除设备管理器；还可以在这里通过SD卡安装加密的证书。如果设备里有较为机密的文件，安全设置就显得更为重要了。

图1-37 "安全"设置菜单

"应用程序"设置

图1-38所示是"应用程序"的设置菜单。在这个选项中可以管理和删除已安装的应用程序，类似于Windows系统的"添加和删除程序"功能。此外，还可以通过单击"正在运行"选项来查看和控制当前正在运行的服务，了解目前设备正在做什么。

图1-39所示是在菜单中选择"开发人员选项"后的设置菜单，里面包括"USB调试"在内的多个选项，主要负责通过USB数据线连接计算机的设置等，具体内容将在后面的章节中具体介绍。

图1-38 "应用程序"设置菜单

图1-39 "开发人员选项"设置菜单

"账户与同步"设置

在"账户与同步"设置菜单中，主要包括数据的同步设置和管理账户的设置，如图1-40所示。通过在互联网上建立使用者自己的账户，可以进行资料的上传或者下载，并且实现同步。

图1-40 "账户与同步"设置菜单

1.4 Android平板电脑连接基本操作

与其他移动设备相似，Android平板电脑同样需要与PC连接来实现资料的传输。例如，连接电脑可以进行资料存储，软件或者程序的修改等。这些操作大多必须在连接状态下才可以实现。

1.4.1 Android平板电脑数据传输

使用USB数据线连接电脑

用USB数据线连接电脑并不需要很烦琐的操作，只需要更改一下Android平板电脑的设置即可。首先在平板电脑应用程序界面单击"设置"按钮，会弹出选项菜单，依次选择"开发人员选项"选项，如图1-41所示。在"开发人员选项"设置菜单中，包括"USB调试"、"保持唤醒状态"和

图1-41 "开发人员选项"菜单

"允许模拟地点"等选项，在此勾选这三个选项。

　　设置完成后，用USB数据线将Android平板电脑与电脑连接，此时在Android平板电脑状态栏中将显示"正在通过USB与电脑连接"选项，如图1-42所示，连接成功后将分别显示"已连接USB调试"和"USB已连接"。

　　这只是Android平板电脑与电脑连接成功，但要直接对机身内存和SD卡进行存储，还需进一步对Android平板电脑进行操作。在状态栏中选择"USB已连接"选项，进入如图1-43所示的界面中。如果要在电脑和平板电脑的SD卡之间复制文件，就要单击界面下方的"打开USB存储设备"按钮。

　　此时，会出现如图1-44所示的界面，界面中原来手持USB接口的绿色小人已经变为手持USB接口的橙色小人，并且在屏幕右上角提示，现在的Android平板电脑是正在使用中的USB存储设备。至此，就可以像使用U盘一样对平板电脑的存储设备进行管理了。

图1-42　状态栏

图1-43　打开USB存储设备

图1-44　打开USB存储设备

经过以上步骤的调试，在PC端"我的电脑"窗口中显示了可移动磁盘，如图1-45所示，分别是这款Android平板电脑自身的存储设备和这款Android平板电脑所配备的SD卡。

图1-45 "我的电脑"窗口

使用虚拟数据线连接电脑

如今已经进入无线时代，很多手持设备和移动设备都具备了无线连接功能，Android平板电脑当然也可以实现Wi-Fi无线连接。下面介绍使用一款"虚拟数据线"软件来连接电脑的方法。首先，需要在Android平板电脑中下载安装此软件，如图1-46所示。其次，要保证Android平板电脑与电脑处于一个无线网络中，这样才可以实现虚拟数据线连接电脑，并通过无线局域网实现文件的传输。

图1-46 下载"虚拟数据线"软件

在Android平板电脑中下载安装软件的方法，将在后面的章节中作详细介绍。

下载安装完成后，运行该软件，如图1-47所示。在软件界面中心波纹状无线网络中，显示"ON"状态表明平板电脑已经连接到了无线网络，并且将自身作为服务器。界面下方的"电脑端访问：ftp://192.168.1.77:8899"提示用户如何使用电脑连接平板电脑。

图1-47 运行"虚拟数据线"软件

在平板电脑与电脑间传输文件

Android平板电脑可以实现播放音乐以及视频等功能，除了要有使用软件外，在不连接网络的情况下，可以将音乐文件以及视频文件等存储在Android平板电脑的自身存储空间或SD卡中，即文件的管理。

 通常将软件安装在机身内存中，而将音乐、视频文件或者较大的文件都存储在SD卡中，因为空间较大，并且SD卡还可以通过读卡器来单独实现与电脑的连接。

1.4.2　Android平板电脑连接网络

Android平板电脑无论是读报纸、看新闻，还是在线听歌、观看视频等，都需要网络的支持。

首先在"应用程序"界面单击"设置"，会弹出选项菜单，在"无线和网络"选项中选择"Wi-Fi"，进入无线和网络Wi-Fi设置菜单，如图1-48所示。

图1-48　"无线和网络"设置菜单

左侧菜单栏中"Wi-Fi"选项为打开状态，表明现在Wi-Fi正常开启，不过使用Wi-Fi会增加耗电量，所以不使用的时候可以关闭。而右侧在Wi-Fi开关开启的情况下，Android平板电脑会自动检测附近是否有开放的无线网络，并提醒平板电脑用户。

以添加"STAR"这个Wi-Fi网络为例。Android平板电脑会自动搜索到附近的Wi-Fi信号，从而显示相应的无线局域网，在选择网络后会出现如图1-49所示的对话

图1-49　"Wi-Fi设置"菜单

框，要求用户输入密码（若网络没有加密则不会显示该对话框，系统将直接进行连接）。输入正确的密码，系统将自动连接网络。

连接成功后将出现如图1-50所示的界面。再次单击该网络，将弹出如图1-51所示的对话框，在该对话框中，这个Wi-Fi局域网的状态为已连接，说明Android平板电脑已经可以连接上这个局域网，而这个对话框还可以提示平板电脑使用者Android平板电脑曾经成功连接过这个Wi-Fi局域网。下次在相同的局域网环境下，可以不用再次输入密码。

若单击界面右上角的"添加网络"选项，这是在Android平板本身没有搜索到网络的情况下，手动添加商务Wi-Fi网络，一般情况下并不会涉及到，我们只需要选择Android平板已经搜索到的Wi-Fi网络，然后进行连接即可。

图1-50　Wi-Fi连接成功界面

图1-51　Wi-Fi详细情况对话框

在平板电脑处于"Wi-Fi"设置菜单界面时单击物理键"Menu"，会弹出选项菜单，选择"高级"选项，进入Wi-Fi"高级"设置菜单。在此，可以看到很多专业的选项，例如IP设置，而对于家庭和公共Wi-Fi的连接一般不涉及这些内容，也不用修改，但可以在这个页面查看MAC地址和调整Wi-Fi休眠策略。

第 **2** 章

Android
软件安装和管理

Android作为一个开源的系统，要想充分发挥其平台优势，自然离不开众多软件的支撑。本章就介绍如何方便快捷地下载自己需要的软件，并将其安装到Android平板电脑上。

2.1 安装官方软件

随着Android系统的迅速走红，越来越多的Android应用随即产生。Android系统使用其专有的APK文件作为系统的安装程序，即Android安装包。通过将APK文件直接传到Android平板电脑中安装即可。Play store（安卓电子市场，原名Android Market）能够帮助用户更好地下载和使用应用程序和软件。

2.1.1 Play store介绍

Play store作为原生谷歌系统自带的电子市场，是迄今为止在全球范围内影响力最大的，拥有着数量庞大的免费和收费软件，特别适合对英文软件青睐有加的用户使用。

2.1.2 安装Android应用程序

从Play store下载安装应用程序的具体操作步骤如下：首先，在全部应用程序界面单击"电子市场（Play store）"图标（或者单击界面右上角的"购买"按钮）打开电子市场，如图2-1所示。首次打开该软件，添加Google账户，如图2-2所示。

图2-1　应用程序列表

图2-2　添加Google账户

在电子邮件账户界面填入邮件地址和密码等账户信息后，单击"下一步"按钮登录（具体方法可以参考本书第4章的4.1节），如图2-3所示。

图2-3 填写用户信息

待登录成功后即可进入Play store，如图2-4所示。可以看到Play store中的软件分为"编辑推荐"、"店员推荐"和"游戏"等几大类，以及编辑推荐的一些不错的软件，遗憾的是中文软件较少。而已经下载的程序将会出现在"我的应用程序"中，可以通过单击机身菜单键，调出软件功能菜单选项，从中选择"我的应用程序"进入。

图2-4 Play store主界面

 "我的应用程序"若为空白页面，则表明电子市场没有进行软件下载和安装，而当有任务进行的时候，"我的应用程序"中会清晰显示出软件下载进度。

通过左右滑动屏幕，还可以快速访问电子市场的类别、热门免费、热门免费新品以及上升最快等栏目。向左滑动屏幕，进入如图2-5所示的界面，从中可以看到更加明晰的种类划分：游戏、个性化、交通、保健与健身、公司等。

图2-5 "类别"界面

而向右滑动屏幕，将看到"热门免费"软件及游戏列表。系统将自动按人气和事件进行排序，方便用户选择软件时作为参考，如图2-6所示。初次使用Android平板电脑，完全可以从这里找到平板电脑使用所必需的一些软件。

图2-6　"热门免费"界面

 向右滑动屏幕将显示"热门免费新品"列表，即刚刚上架的一些软件，由于没有很多用户使用过，对于其稳定性和兼容性不太清楚，当然也不能忽略如"腾讯QQ"这些必备Android软件新版本的上架。

在此随意打开一款软件，如进入"搜狗手机输入法安卓2.0版"下载页面，可以看到软件的详细说明，如图2-7所示。界面上部会提供软件的相关介绍和截图，以供用户下载时参考。此外，在界面的下部还可以查看软件的评价，软件的星级评定越高，说明使用者对其好评越多。

图2-7　程序下载界面

在主界面单击游戏，进入如图2-8所示的界面，默认显示热门免费的游戏列表，同样可以通过左右滑动屏幕，在"详细类别"和"热门免费新品"之间进行切换。

图2-8　"热门免费"游戏列表

Android平板电脑拥有强大的娱乐性能，也不存在苹果系统和XBOX下载游戏复杂和昂贵的弊端，Android平板电脑的游戏大部分是免费的，这也是Android系统争夺世界平板电脑之王的优势之一。

单击益智游戏，从选择列表中一款小游戏，如图2-9所示的"islider Butterfly Puzzles"，这是一个拼图游戏，游戏的题材是各种各样可爱的蝴蝶，即将零散的蝴蝶碎片拼到一起。

面对庞大的电子市场，想要找到一款非常著名的软件或者游戏也不是件简单的事情。这时，只需单击右上角的"搜索"按钮，在屏幕上方搜索框中输入关键词，如图2-10所示，单击"搜索"按钮，便可以显示所有包含该关键词的软件结果列表，比如搜索腾讯的QQ。

搜索完成后，单击进入可以查看该软件的基本详细信息，如图2-11所示。

图2-9　游戏下载界面

图2-10　搜索

图2-11　查看搜索到的程序的详细信息

如果确定安装某款程序，则单击图2-11中界面右上角的"下载"按钮开始下载。这时将在新的界面中显示授权，Android的授权和塞班系统的签名、iOS系统的越狱不同，这里只是提示用户软件在安装后会对系统进行哪些操作，其中若有会扣费的条目就需要用户重视，如图2-12所示。确认无误后，在接受权限下，单击"接受并下载"按钮，同时保持网络连接正常，便可以进行下载安装了。完成后会在应用程序界面自动生成程序快捷方式，单击即可运行该程序。

图2-12　授权信息界面

在浏览电子市场时，按机身物理"Menu"键，选择"设置"就可以进入电子市场的设置界面。这里可以进行软件的设置，其中单击"选择过滤级别"，会出现"所有人"、"心智成熟度-低"、"心智成熟度-中"、"心智成熟度-高"和"显示所有应用程序"五种选项，通过勾选不同的软件等级来区分软件的适用人群，如图2-13所示。

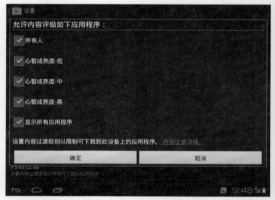

图2-13　"设置"选项

下载速度和网络有关，为了方便使用，应选择在Wi-Fi网络环境中下载。同时，下载软件后，还会在连接网络时寻找更新。若用户允许自动更新，则下载和更新的过程会自动完成，无需用户操作。这一方法可以非常方便地保持软件为最新版本，但缺点是不利于管理网络流量。

2.1.3　卸载Android应用程序

当应用程序有这样或那样的问题，或是程序安装太多导致平板电脑内存不足时，需要卸载部分应用程序。这里介绍两种常用的卸载方法。

第一种方法是在Android平板电脑处于主屏界面时单击程序按钮，进入应用程序界面，在其中选择"设置"选项，如图2-14所示。在出现的"设置"选项界面中单击"应用程序"选项，如图2-15所示。

图2-14　应用程序界面

图2-15　"应用程序"设置界面

 另一种方法是进入Play store后选择"我的应用程序"选项，可以看到所有通过电子市场安装的应用程序。单击任一目标后，选择"卸载"选项即可。

此时，可以看到平板电脑的所有应用程序，选择想要卸载的应用程序，单击"卸载"按钮，如图2-16所示。将弹出如图2-17所示的对话框，单击"确定"按钮就可以完成卸载操作了。

图2-16　卸载操作

图2-17　确认卸载对话框

在应用程序管理界面中，顶部是四类显示选项栏，分别为"已下载（已安装到了平板电脑上）"、"SD卡中（通过电脑下载，并转移到SD卡中）"、"正在运行（可以通过关闭一些常驻系统内的无用软件来释放内存）"、"全部"。单击前三类项目中的程序列表，可直接对程序进行编辑管理。

2.1.4 已装软件管理

在Android 2.2以下版本系统中，所有软件程序都不能直接安装到SD卡中，只能存放于机身内存。而在Android 2.2以上版本系统中，才能选择将应用程序安装到SD卡中，不过系统还是会默认安装到几百兆的机身内存中。

图2-18　软件详细信息界面

进入"应用程序"管理界面，以"腾讯QQ"为例，单击进入软件的详细信息界面，在这里可以对软件进行"强行停止"、"卸载"、"清除数据"和"移至SD卡"等操作，同时还可以取消软件的默认设置，如图2-18所示。

在此，单击"移至SD卡"按钮，稍等片刻，"移至SD卡"字样就会变成"移至手机内存"，这时原本11.27MB的内存占用空间下降到3.07MB，如图2-19所示，而且可移动的十多兆字节文件已经转移到了SD卡中。

图2-19　软件详细信息界面

所谓默认设置，是指当不同软件均可以打开统一类型文件（如图片、视频文件等）时，用户所选择的默认打开方式，如果该软件的"清除默认设置"可选，则说明该软件是用户指定的默认打开方式。

对于使用系统资源和系统内存依附强弱不同的软件，转移到SD卡的文件大小也不同，最大的转移文件比例可达90%，这样能够预留出更多的内存空间供系统使用。不过，对于输入法、系统安全文件、桌面窗口小部件等软件，就必须安装在系统内存中，否则这些软件将会不能正常运行和加载。

2.1.5 使用电子市场更新软件

进入电子市场后，按机身物理键"Menu"按钮，选择"设置"就可以进入"设置"界面。在弹出的对话框中选中"通知"单选按钮。这样软件会自动连接网络对已装软件版本与服务器最新软件版本进行比对，如果发现有新版本只需选择相应软件即可进行更新操作。

2.2 驾驭第三方软件

从Play store下载安装软件，虽然简单省心，但毕竟消耗流量，而且作为官方的软件平台，部分软件还不免费，并不能完全满足达人们玩转Android平板电脑的全部需求，这时不妨借助其他手段下载和安装第三方软件。

要安装非官方软件，必须对Android系统进行设置，打开"设置"→"安全"选项，选择"未知来源"选项，即可允许系统安装非官方软件了。安装非官方软件的方法主要有：将APK文件复制到SD卡安装，利用91手机助手或者豌豆荚等。

网络下载的Android系统的应用程序和游戏程序的文件后缀为.apk，和PC执行文件的后缀名.exe是一个意思。

2.2.1 借助91手机助手安装

在电脑上安装并运行91手机助手For Android（91手机助手官方网站：http://zs.91.com），单击"游戏·软件"按钮，在界面左侧选择"电脑上的软件"列表，出现如图2-20所示的界面。在界面右侧单击已经下载到电脑中的APK文件即可进行安装或者升级操作，成功安装到平板电脑上后，电脑端会有提示信息，并显示在"手机已安装软件"列表中。

运行91手机助手之前，应该先用USB线将Android平板电脑连接在PC上。一般PC端的91手机助手软件会自动检测平板电脑并进行连接。

图2-20 利用91手机助手安装软件

2.2.2 在文件管理器中安装

有些Android平板电脑没有内置软件市场或APK安装器，但是会有"Re管理器"或者"ES文件浏览器"，就如同Windows平台的资源管理器，可以在其中直接找到SD卡内下载存放的APK文件，直接运行安装。此方法与在电脑上打开资源管理器，双击exe文件安装程序的原理是一样的。

这里以"ES文件浏览器"为例进行说明。具体操作过程如下：打开ES浏览器，找到APK文件所在的文件夹，如图2-21所示。单击要安装的APK文件，进入如图2-22所示的界面，单击"安装"则程序会自动安装完成。

图2-21 存放APK文件的文件夹

图2-22 APK文件安装界面

2.2.3　使用APK安装器安装

　　Android平台有专门的APK安装器，可以用它来安装SD卡里的APK文件。在应用程序界面启动软件后，APK安装器会对整个机身内存和SD卡进行扫描，将所有的APK文件列出。用户只需要单击程序图标即可进行安装，比较方便。

　　　APK安装器只能安装现有的APK文件，不能联网下载。虽然现在大部分软件市场也有类似功能，但APK安装器程序胜在小巧和便捷。

2.3　豌豆荚助力平板电脑使用

　　除了91手机助手，豌豆荚手机精灵也是受到用户好评最多的软件之一，可以帮助新用户更好地掌握Android平板电脑。

2.3.1　Android平板电脑牵手豌豆荚

　　豌豆荚手机精灵（简称豌豆荚，下同，官方网站：http://www.wandoujia.com）是一款简单好用的手机管理软件，有丰富且强大的功能，如图2-23所示。

　　这时，可以将Android平板电脑通过USB线连接到电脑，在平板电脑装有豌豆荚Android版的客户端情况下，还可以通过Wi-Fi无线连接到电脑。该客户端会在用户通过USB线连接到电脑后，自动被安装到平板电脑中。

图2-23　豌豆荚主界面

　　　Wi-Fi无线连接有连接速度快、传输数据快、适用范围大等优点。进入Wi-Fi模式后，启动豌豆荚软件，在欢迎界面右侧Wi-Fi无线连接输入平板电脑端显示的验证码即可通过Wi-Fi局域网连接电脑和平板电脑。

相对于Wi-Fi无线连接非常费电，使用USB连接在传输数据时更加稳定，而且还能同时充电。当Android平板电脑出现如图2-24所示的界面时，表明Android平板电脑已经与电脑建立连接，可以通过单击返回键隐藏此界面。

当Android平板电脑与电脑建立连接后，豌豆荚将会显示如图2-25所示的界面。

 这时会在Android平板电脑的状态栏上出现豌豆荚图标，当连接过程失败或中断时，小图标将会消失。

图2-24　豌豆荚连接设置界面

图2-25　连接成功后的豌豆荚主界面

单击界面上方的"应用·游戏"按钮，进入应用和游戏界面，如图2-26所示。可以看到非常多的软件资源，在屏幕左侧的侧边栏有非常详细的分类，包括来自平板电脑系统的软件管理和来自网络的软件资源。

图2-26　"应用·游戏"界面

单击左侧边栏列表中的"已安装的应用"分类，中间的区域就会列出在平板电脑中已经安装的程序，并且有详细的程序安装位置、软件大小和权限等，便于使用者的管理，相对于系统内部的APK管理器来说更加直观，如图2-27所示。

图2-27 "已安装的应用"界面

在此，也可以通过单击界面中间的"安装新应用"来从电脑本地安装软件，通过手动下载最新的APK文件安装到平板电脑。

2.3.2 软件嘉年华

回到主界面后，在左侧边栏"应用搜索"选项下选择"全部游戏"条目，可以看到豌豆荚汇总了Android平台下载量最大、最好玩的游戏，其中包括愤怒的小鸟系列、水果忍者、三国杀以及移植于iOS平台的割绳子和TOM猫等，只需单击游戏缩略图下面的"安装"按钮，就能实现下载和安装的自动操作，如图2-28所示。

图2-28 "全部游戏"条目

选择"应用搜索"选项下的"榜单家族"条目，还可以看到通过豌豆荚下载次数最多的软件排行，如搜狗手机输入法、UC浏览器、微信和QQ等主流软件，如图2-29所示。

图2-29 "榜单家族"条目

此外，豌豆荚欢迎界面的截图也是最受Android平板电脑用户喜爱的功能，本书所有涉及Android平板电脑的截图均是通过截图获取。由于系统内核的问题，现在基本还没有可以兼容所有Android产品设备端的截图软件，而截图功能可以方便与好友分享好的软件，也可以晒自己的炫酷桌面，还可以更好地在论坛中进行求助。

此外，除了安装"榜单家族"中的主流软件外，选择"应用搜索"选项下的"装机必备"条目，也可以获取比较权威的软件推荐，如图2-30所示。

此外，虽然豌豆荚已经包括了各大主流软件市场的主流软件，但还是与各大主流软件市场合作，如图2-31所示，单击一个软件市场的名字，如"爱米软件商店"，可以直接下载爱米的客户端，或者选择爱米提供的软件。

图2-30 "装机必备"条目

图2-31 "爱米软件商店"条目

每一个软件市场都有它的风格和倾向，豌豆荚中共整合了20个软件市场，几乎涵盖了Android用户常用的所有软件市场。

2.3.3 影音图像合集

单击界面上方的"音乐·铃声"按钮，进入音乐下载与管理界面，如图2-32所

示，在左侧的侧边栏中可以
选择管理平板电脑内存的音
乐，也可以下载音乐专辑和
铃音。同样，直接将电影和
视频短片复制到Android平
板电脑中也是非常方便的。
不过每次进行文件操作都需
要取出SD卡，或者启动平
板电脑的USB存储功能，
略显麻烦。单击界面上方的
"视频"按钮，通过豌豆荚
来进行视频管理，可以快速
对视频文件进行添加、删除
操作，如图2-33所示。

图2-32　"音乐·铃声"界面

图2-33　"视频"界面

　平板电脑拥有超大屏幕，如果桌面壁纸看上去不是很好，即便再好的平
板电脑也会不匹配。这时还可以通过单击界面上方的"图片"按钮，使用豌
豆荚的图片管理功能，下载经过众多用户筛选过的精美、有品位的壁纸来装
饰自己的平板电脑。

2.3.4　数据云保险

　　可以使用豌豆荚提供的针对Android系统的备份、恢复功能，对Android平板
电脑中的重要软件程序和资料进行备份。在欢迎界面的中下方，备份恢复区域内
单击"备份"，可以启动豌豆荚的备份功能。单击"备份"按钮后，豌豆荚会提
示关闭Android设备端的数据同步、关闭正在运行的软件，避免备份过程中出现遗
漏和错误，如图2-34所示。

单击"继续"按钮后，在弹出的对话框中，可以看到豌豆荚能够备份联系人及分组、通话记录、手机设置、应用程序等资料，如图2-35所示。由于平板电脑一般不具备通话和短信功能，在需要备份的数据中这些资料的选项都呈不可选状态。确认完毕需要备份的资料和备份的名称后，单击"开始备份"按钮即可进行资料的备份操作。

图2-34 "备份"提示

图2-35 "备份数据"对话框

2.4 其他第三方市场

虽然谷歌Play store汇集了全部的Android平板电脑应用，但是打开后会发现，英文软件比较多，对于中国用户来说，多少有些不便。为了让电子市场走进中国，符合中国用户的使用习惯，多款国人自己的电子市场诞生了，但是到底哪款更适合自己呢？下面就对这些电子市场进行介绍。

2.4.1 简介

包含各种软件，并提供下载的软件就叫做软件市场。它们将软件按照一定的类别加以分类，同时对软件作一些简单介绍，使用户在查看后能够了解软件的大概功能。与谷歌电子市场一样，用户可以在里面自由地选择所需要的软件。

但由于是非官方的，所以又称为第三方市场，它们的出现，极大地方便了用户的使用，加大了软件的普及率，同时也为Android吸引了一大批的用户。

2.4.2 进阶体验

AppChina应用汇

AppChina应用汇是方便而全面的Android软件安装专家，它立足于安卓系统平台的本土化，致力于打造最全面、最方便、最个性化的应用下载平台，如图2-36所示。作为最早的Android市场类软件之一，只需打开该软件，瞬间便可以掌握最新最潮的应用软件，随时随地让平板电脑丰富多彩。

图2-36　AppChina应用汇主界面

AppChina应用汇由手机客户端、Web端、Wap端以及Pad版组成全方位下载渠道，能够给用户带来全方位的下载体验。此外，AppChina应用汇还与豌豆荚手机精灵合作，为豌豆荚用户提供最新最全的内容。

启动AppChina应用汇后，可以看到软件主界面比较简洁，如图2-36所示。它共分为四大块，顶端的软件大分类中包括编辑推荐、专栏推荐和最新上架三部分；在软件大分类下面是滚动的软件推荐窗，滚动显示最新软件和相关活动；而在推荐窗下方则是编辑推荐软件的主题，可以看到一些星级较高的软件，单击软件条目右侧的下载按钮即可进行下载；最底端的工具栏分为推荐、排行、分类、搜索和管理五大软件检索项，可以让用户根据使用习惯查找软件。

首先，可以通过主界面的软件推荐、分类查找或者关键词搜索，找到需要安装的软件，单击软件进入下载界面，如图2-37所示。进入下载界面后，单击下方的下载按钮进行软件下载。

图2-37　软件详细信息界面

在软件的下载界面可以看到，界面分为三个部分，第一个部分是软件应用详情和评论，如图2-38所示；第二部分是软件的量化信息内容，包括软件大小、更新时间、版本号、下载次数、星级和评分次数；第三部分是软件的截图，便于用户了解软件的基本情况。

软件下载时，在上方会显示下载进度条，下载中可以暂停下载，也可以取消下载，如图2-39所示。值得注意的是，由于AppChina应用汇采用的安装后删除安装文件的设计，当卸载已安装的软件后，若想再次使用，则需要重新下载。通过软件市场下载软件后，会出现如图2-40所示的界面，单击"安装"按钮即可进行软件的安装。

图2-38　软件评论界面

图2-39　软件下载界面

图2-40　软件安装界面

1. 排行榜介绍

选择底端工具栏中的"排行"选项，进入到软件下载排名界面，在这里可以查看升温游戏、升温应用和热门排行，如图2-41所示。在升温游戏中，排名靠前的游戏一般而言均是近期最新更新的经典游戏，而升温应用中的软件也以近期下载量比较大的应用软件为主，常会体现出近期的软件使用走向。

此外，热门排行的参考价值在于观察与AppChina应用汇合作最为紧密的一些软件，并且也能反映典型的软件下载情况。而Android系统的普及，也催生了Android系统必装的UC浏览器、墨迹天气和360安全卫士等软件下载量大幅攀升，如图2-42所示。

2. 软件分类

选择底端工具栏中的"分类"选项，进入分类界面，可以看到分类界面又分为应用、游戏和专题三个部分。专题部分如图2-43所示，又分为装机必备、美化桌面、谷歌原生和娱乐视听等多个专题。这样的细分和归类是AppChina应用汇编辑根据用户对于某一类软件的需求所进行汇总后制作的专题。

图2-41 升温游戏界面

图2-42 热门排行界面

图2-43 分类专题界面

单击"装机必备"这一专题，进入到软件列表中，如图2-44所示。可以看到装机必备软件一栏中有输入法软件、浏览器软件、文件夹管理软件、聊天软件等，通过向上滑动手指可以查看更多的软件。

图2-44　装机必备界面

 如果需要批量下载安装，勾选需要下载的软件前面的复选框，单击界面底端的黄色"下载"按钮，软件将会被自动下载和安装。如果不需要此类软件，也可以单击界面左上角的返回键返回到上一级菜单。

3. 搜索功能

对于熟悉Android系统和软件的用户来说，通过查看超长的软件和游戏列表来找到自己想要的内容非常困难，而通过软件名称找到软件直接下载安装就方便多了。这时，只需选择界面底端工具栏中的"搜索"选项，即可进入搜索界面，如图2-45所示。

在搜索界面可以看到，整个界面分为三个部分，第一部分是"搜索条"，第二部分是"实时热点"和"搜索结果"选项，第三部分是"实时热点"和"搜索结果"显示界面。

图2-45　搜索界面

在"实时热点"显示界面，有24h内用户搜索最多的关键词列表，包括QQ、微信、水果忍者这一类的热词。如果还想看看其他用户搜索的更多热词，可以单击"更多"按钮进行查看。选择其中一个热词，比如"飞信"，将在"搜索结果"中显示搜索结果列表，如图2-46所示。由于Android系统的很多软件汉化自英文软件，有时搜索英文名比搜索中文名定位更加精准。

图2-46 "搜索结果"界面

4. 软件管理

选择界面底端工具栏中的"管理"选项，进入Android平板电脑的软件管理界面。此界面又分为"软件管理"和"下载管理"两个大项，可以看出AppChina应用汇集了软件安装器、下载器和软件更新功能。

在软件管理界面中可以查看系统中所安装的全部软件，获取每一个软件的版本信息，也可以直接通过AppChina应用汇将已安装的软件版本信息与云端服务器的最新软件版本进行比对，如果发现有更新版本的软件发布，将会在这里出现软件的更新选项，并且在底端工具栏管理图标旁边出现可更新的软件数量。单击可更新软件条目右侧的更新按钮，即可自动下载更新软件，如图2-47所示。

图2-47 软件管理界面

值得注意的是，由于部分软件为系统自带软件，可能拥有与最新软件不一样的验证信息，因此这部分软件不能升级到最新版本，强制升级也会造成系统的不稳定。如果是3G网络，则要慎重使用软件更新，以免造成大额流量费用。

调出AppChina应用汇的程序菜单，选择"设置"可以进入AppChina应用汇的设置界面，如图2-48所示。AppChina应用汇的设置界面中可供调整的项目较少，主要针对流量设置，包括图标、WLAN环境和单次下载流量的调整等。

与之功能相同的还有安卓市场、机锋市场和其他诸多市场，下面逐一介绍。

图2-48　软件设置界面

安卓市场

安卓市场是有国内较早做Android社区的历趣手机应用商店，专门针对Android系统开发的一款免费的，可适用于Android系统各版本的商店类应用软件，如图2-49所示。国内老牌的Android软件发布平台无需注册登录即可全面、便捷地享受安卓市场提供的几万款应用与游戏。

图2-49　安卓市场主界面

该市场最大的特点是原创中文软件涵盖量很多，是一个全中文化、本地化的程序应用，依托着安卓网开发者联盟的强大支持，每天不断有新鲜中文软件与大家见面。

机锋市场

机锋市场同样也是一款著名的安卓应用商店软件，它由目前国内人气较高的机锋网开发并发布，如图2-50所示。机锋市场提供了超过5000款本地Android中文应用软件、游戏等，最新版本支持谷歌Play store数以万计的资源搜索与直接下载。

安智市场

安智市场（GoMarekt）是国内另一家Android新成员安智网的作品，如图2-51所示。该软件全中文介绍，截图展示，包含了上千款软件和游戏，市场内所有的软件均无需登录即可免费下载。

同样作为一款以安卓网站论坛为依托的软件市场，安智市场也在激烈的软件市场争夺中占领了一席之地，慢慢地扩大规模。同时，安智市场也在不断的更新中完善自己的功能，慢慢成为强大的软件市场之一。

N多市场

N多市场同样是一款Android平台市场类软件，由恩度网络运营。其致力于为中国用户打造一个最新、最快、最全的Android第三方应用商店，让Android使用起来更加简单方便，如图2-52所示。通过N多市场，用户可以从上万款应用中随时随地找到最适合自己的软件和游戏。

图2-50 机锋市场主界面

图2-51 安智市场主界面

图2-52 N多市场主界面

N多市场主推国内原创Android软件和游戏，软件界面打开很快，而且管理项目相当有特点，分类清晰、功能强大，用户可以轻松查看、下载、更新、管理软件，还有程序备份和恢复功能，提供给喜欢刷机或者换机器的用户使用。

木蚂蚁安卓市场

木蚂蚁电子市场是木蚂蚁科技有限公司开发完成的，基于Android系统平台的应用程序分享平台应用客户端，如图2-53所示。截至目前，木蚂蚁电子市场拥有超过三十万种应用程序，以内容全、下载快、汉化内容多为特色。

优亿市场

优亿市场(eoeMarket)，是由北京易联致远无线技术有限公司推出的一款Android软件应用平台。作为一套基于Android平台的软件发布解决方案，优亿市场集软件发布、搜索、安装于一体，通过简单的部署，就能成为连接开发者、玩家及平台服务商的平台，可谓是用最小的资源解决了用户最大的麻烦，如图2-54所示。

优亿市场的界面非常优

图2-53　木蚂蚁市场主界面

木蚂蚁是专注于Android应用下载和分享的平台，以及应用开发的网络平台，旗下拥有：木蚂蚁应用市场、木蚂蚁手机游乐园、木蚂蚁电子市场、木蚂蚁ROM等。

图2-54　优亿市场主界面

秀，从UI交互和用户体验方面来讲，在国内同类产品中可谓出类拔萃。它提供的应用软件都是以本地化、纯中文语言为主，大部分软件和游戏都是中文版。由于eoeandroid和谷风网两大社区的支持，优亿市场一直持续为用户推荐出更多更好的优秀软件。

与其他软件市场频繁更新不同，优亿市场一般很少更新，不过每次更新都在功能、界面和人性化设计方面尽可能地提高，而且它所带给用户的除了方便、快捷之外，还有惊喜。

能助手

能助手为用户提供了最佳的应用下载平台，是目前中国Android手机用户使用最多的应用软件商店之一，如图2-55所示。它提供了多达5000个免费的游戏和应用下载，支持多达500种不同厂家的Android机型，包括三星、HTC宏达、摩托罗拉、索尼爱立信、戴尔、中兴、联想、魅族、宏基、华为、LG、酷派等数十家Android手机制造厂家，是目前国内唯一一款完全支持三星Android平板电脑高清软件游戏应用商店，使用能助手可使用户的手机功能发挥得淋漓尽致。

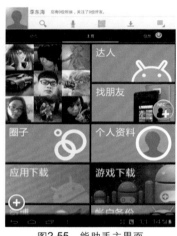

图2-55 能助手主界面

91手机助手（手机版）

91手机助手是由网龙公司研发推出的一款具有软件市场功能的第三方Android软件，具有主题、壁纸、铃声、音乐、电影、软件、电子书的搜索、下载和安装功能，如图2-56所示。同时，91手机助手拥有在电脑端的软件，和Android平板电脑配合起来使用，会给用户带来全新的操作体验，而且工作效率可得到进一步提高。

91手机助手集各种管理软件于一身，在拥有软件市场功能的前提下，增加了其他文件的下载，如主题、壁纸、铃声、音乐等，并支持数据备份等诸多功能，对于广大用户来说，这款软件也是一个不错的选择。

图2-56 91手机助手（手机版）主界面

第 **3** 章

Android
平板电脑系统管理

在了解了关于Android平板电脑娱乐、办公、图像和旅行等几个方面的内容后，下面一起来看看Android平板电脑系统管理方面的内容。

3.1 五大Android平板电脑输入法

首先，一起来看看几款所有Android平板电脑用户都离不开的必装程序——输入法。

3.1.1 搜狗手机输入法

图3-1是搜狗手机输入法（Android版）在屏幕横持状态下的显示效果，全键盘状态下的输入法采用标准电脑键盘按键，并用浅蓝色标记功能按键。左下起为特殊字符、数字键盘、输入法模式切换、中英文切换和回车键，第二行的两个蓝色按键分别为分词符号和退格键，键盘整体布局较为合理。

图3-1　输入法横屏样式

 注意 搜狗手机输入法支持屏幕手势切换键盘，在如图3-1所示状态下向左或向右拖曳屏幕会切换到宫格键盘输入方式。

图3-2为搜狗手机输入法（Android版）在屏幕竖持状态下的宫格键盘样式，相比之下，九宫格的键盘模式更为手机用户所熟悉，在有限的空间内可容纳更多信息。最左端为输入的竖排拼音组合，底端为与全键盘模式相同的功能键。单击"123"数字键盘切换键，就能快速调出九宫格的数字键盘，方便输入账号、密码和电话号码等。

图3-2　输入法竖屏样式

作为最流行的电脑端拼音输入法的移动版本，搜狗手机输入法（Android版）的功能同样十分强大，图3-3所示的特殊字符输入就融合了中英文字符、最近使用的等非常全的字符库，同时也有很受欢迎的搜狗表情，一个个字符组成的表情在发短信、QQ聊天和发微博时更容易拉近人与人的距离。此外，搜狗手机输入法（Android版）还支持手写输入，如图3-4所示。

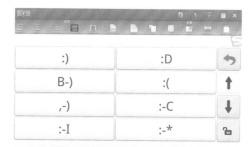

图3-3　输入法表情输入

图3-4　输入法手写输入

3.1.2　百度手机输入法

图3-5和图3-6所示分别是百度手机输入法（Android版）在屏幕横持和竖持状态下的显示效果。默认采用银灰色的键盘皮肤，商务气息十足。百度手机输入法（Android版）的布局比较合理，从界面左上起依次为：输入法快捷设置按钮、英文全键盘切换键、拼音全键盘切换键、拼音拇指（九宫格）键盘切换键和

图3-5　输入法横屏样式

收起输入法界面键。

从字母键盘上看，百度手机输入法（Android版）的三排键盘上下间距较小，单个按钮较大，打起字来比较舒适。另外，百度手机输入法（Android版）和搜狗手机输入法同样都采用不同颜色标记功能键。

图3-6　输入法竖屏样式

相比其他输入法需要进入软件设置界面才能进行设置调整，百度手机输入法（Android版）支持输入面板快速设置，如图3-7所示。单击输入界面左上角的"du"输入法快捷设置按钮，可以快速进入输入法高级设置界面，进行切换输入方式、切换主题、更新词库，以及快速进行复制、剪切、粘贴等操作。

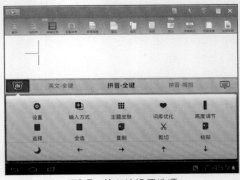

图3-7　输入法设置选项

此外，百度手机输入法（Android版）支持整体快速换肤，在输入法内置了多种皮肤图案，可以采用纯色背景和图片背景。如图3-8所示，从中看到喜欢的图案后单击图片，然后单击"确定"按钮退出即可。

图3-8　更换输入法主题皮肤

注意　换肤后就能发现原来百度手机输入法（Android版）的按键是半透明设计，这种设计方式让换肤变得简单，而不必启动大量的PNG图片消耗系统资源，这样拖慢输入速度。

3.1.3 谷歌手机拼音输入法

在原生的Android系统中自带了Android输入法，谷歌手机拼音输入法（Android版）无论在外观还是输入方式上，都与Android输入法十分类似，同样采用灰色和灰黑色两种商务色调。图3-9和图3-10所示分别是谷歌手机拼音输入法（Android版）在屏幕横持和竖持状态下的显示效果。

图3-9 输入法横屏样式

图3-10 输入法竖屏样式

3.1.4 QQ拼音手机输入法

QQ拼音手机输入法（Android版）的外观样式也比较简洁，如图3-11所示，采用棱角分明的矩形按键，刻意加大的中文功能键使用起来更顺手，双色按键将字母键与功能键区分，常用的逗号和句号分别位于空格键的两边，方便整句输入。作为同样采用自定义用户词库的输入法，QQ拼音手机输入法

图3-11 输入法横屏样式

（Android版）支持电脑用户词库导入，是长期使用QQ拼音输入法用户的首选。

与其他几款输入法相比，QQ拼音手机输入法（Android版）增加了一项非常人性化的"夜间模式"功能，如图3-12所示。QQ拼音手机输入法（Android版）的夜间模式采用深蓝色背景和银蓝色辉光文字，在夜间使用Android平板电脑时能够有效保护视力。

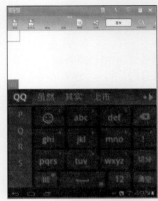

图3-12　输入法竖屏夜间模式

3.1.5　讯飞语音输入法

讯飞语音输入法（Android版）的界面非常清爽，如图3-13所示，采用乳白色和浅蓝色双色键盘，键盘布局合理，按键大小适中，功能键位置也较为合适，在界面的顶端有切换键、语音输入键和编辑键。

讯飞语音输入法（Android版）的识别率非常高，如图3-14所示。除了对部分人名、特殊地名和区域等专有名词的识别不够精准外，其他文字识别精确度都很高。当不方便使用键盘输入的时候，讯飞语音输入法（Android版）绝对能带给用户不一样的输入感受。

讯飞语音输入法（Android版）本身的键盘输入也毫不逊色，可以在同一界面进行多种输入，不像其他输入法那样需

图3-13　输入法横屏样式

图3-14　语音输入

要切换不同的界面匹配输入方式，同时它还支持竖屏叠写和横屏连写，可以达到高速手写输入。

3.2 其他系统管理功能

对于Android平板电脑来说，强大的系统管理工具一直是必备软件，它能提高平板电脑的使用效率。

3.2.1 后台进程管理

经常使用Android平板电脑会发现，因为开启了太多的后台程序而导致内存剩余不足，有些认为已经退出的程序，事实上还在后台运行，系统资源仍处于被消耗的状态，表现为平板电脑运行缓慢。那么就需要关闭一些不必要的后台程序，给平板电脑减压。

在任何界面下，单击状态栏中的后台程序图标按钮，即可显示所有打开的后台程序；单击任意图标即可进入该程序，如图3-15所示。而向左或者向右拖动程序图标，即可关闭该程序，如图3-16所示。

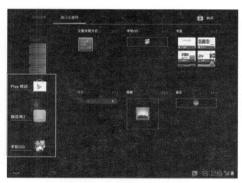

图3-15 查看后台运行程序

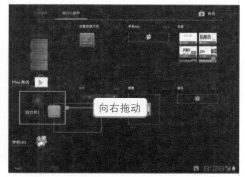

图3-16 关闭后台程序

此外，进入系统"设置"界面单击"应用程序"后，在"应用程序"选项列表中选择"正在运行的服务"，如图3-17所示，也可以查看所有后台程序（包括系统服务程序）。

在服务程序界面中查看正在运行的后台程序，单击选择想要关闭的程序，在出现的图3-18所示的界面中单击"停止"按钮即可。

除了系统自带的进程管理功能外，这里再推荐一款"进程管理器（Process Manager）"软件。

单击程序进入软件主界面，可以看到最上方分为"Task List"、"System"和"Uninstall"三个选项，下面逐一进行介绍。在"Task List"选项界面中，程序默认状态将显示Android平板电脑中所有正在运行的应用程序，若想关掉某一个程序，只需直接单击相应程序即可，如图3-19所示。单击"System"选项，可以查看系统进程的一些特性，如图3-20所示。

图3-17　"正在运行的服务"界面

图3-18　关闭后台程序

图3-19　"Task List"选项界面

图3-20 "System"选项界面

 界面上方显示了可用空间，可以让用户对系统可使用的空间有直观的认识。单击界面左下方的"Kill Selected"按钮可以直接关掉所有应用程序，但是一般不能这样做，因为这样会把有用的后台运行程序也一并关掉。

单击"Uninstall"选项进入如图3-21所示的界面，选择任意一个需要卸载的程序，单击"确定"按钮即可完成卸载确认。

图3-21 "Uninstall"选项界面

3.2.2 电源管理

电池续航能力一直都是影响Android平板电脑功能充分发挥的重要因素，游戏、视频以及上网冲浪等众多复杂的功能，都是耗电大户。其实，可以通过Android系统自带的"电源管理"功能来进行节能设置，以便在日常使用中延长整机的待机时间。

对于Ipad和Android平板电脑来说，9.7in（1in＝2.54cm）的超大屏幕绝对是耗电大户，另外使用的Wi-Fi网络模块也是个"电老虎"，理论使用十几个小时的情况基本很难实现。所以众多平板电脑厂商纷纷采用各种节能手段，而Android系统自身也对电能的使用有了较好的优化。

图3-22中，机身右侧有很多接口，即T型USB 2.0接口、3.5mm耳机接口等，左侧的圆形电源接口可供充电。另外，由于电子设备的电路模块有自身的输入限额，因此尽量不要使用非原厂、不同规格的充电器进行充电。

图3-22　充电接口

屏幕作为平板电脑的耗电大户，可以在系统设置中找到"显示"选项，并通过调整亮度和休眠时间来减缓电池的消耗，分别如图3-23和图3-24所示。

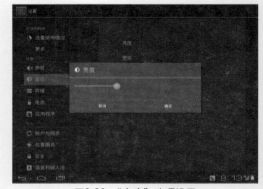

图3-23　"亮度"选项设置

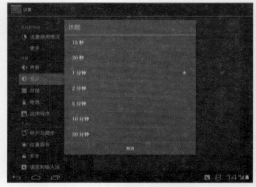

图3-24　"屏幕超时"对话框

除了上面介绍的一些节电方法外，下面再介绍一些节电小窍门：

- 在不使用平板电脑的时候彻底关闭平板电脑；
- 避免高温下使用平板电脑，快速损耗电量；
- 不使用Wi-Fi网络时关闭Wi-Fi模块；
- 时常用进程管理软件关闭后台不需要的软件；
- 尽量不使用动态桌面；
- 看电影时尽量连接充电器；
- 当不使用OTG功能时，尽量取下U盘或鼠标等外设。

3.2.3　系统安全

下面介绍如何为Android平板电脑设置安全加密，以防止他人窃取隐私或盗用，同时介绍基本的病毒防护措施。

屏幕锁定

想要防止别人未经授权随意使用自己Android平板电脑，最简单的方法就是为屏幕添加锁定密码。打开Android平板电脑的"设置"菜单，找到其中的"安全"设置选项，如图3-25所示。在其中单击"屏幕锁定"进入如图3-26所示的界面，该界面中分为三个选项，即设置屏幕锁定的五种密码方式，分别是"无"、"滑动"、"图案"、"PIN"和"密码"。

图3-25　"位置和安全设置"界面

图3-26　"屏幕解锁保护"设置界面

其中"密码"最为常用。单击"密码"选项，在密码设置界面中输入解锁密码（必须含有字母），如图3-27所示。再次确认密码后设置成功。屏幕锁定设置完成后，每次滑动解锁滑块的时候，屏幕都会要求输入解锁密码，如图3-28所示。

输入完成后单击回车键即可进入Android平板电脑使用界面。

图3-27　设置密码界面

图3-28　进入系统时提示输入密码

如果需要解除屏幕锁定密码，其方法和设置时类似，只需进入系统"设置"选项中"位置和安全设置"界面，然后单击"更改屏幕锁定"选项，输入设置过的密码获得管理权限后，在"设置"页面单击"无"这一选项，即可取消原来设定的屏幕锁定密码了。

病毒查杀

"QQ手机管家（原名：QQ安全助手）"是一款腾讯专为广大Android设备用户开发的免费安全与管理应用软件，同样适用于Android平板电脑。

QQ手机管家包括以下特色功能：增强系统兼容；全新操作便捷、流畅，更贴心；全新界面清爽、简洁，更轻便；一键体检，全面了解平板电脑的使用状况，快速优化；系统优化功能，让设备运行速度时刻领先；强力病毒查杀模式，彻底清除ROM内置病毒。

在使用之前Android平板电脑需要开启ROOT权限，单击程序图标进入如图3-29所示的主界面，单击界面底部的"病毒查杀"选项。如图3-30所示，在此界面，单击"快速扫描"按钮开始扫描Android平板电脑系统。如果是第一次安装"QQ手机管家"，建议单击"全盘扫描"对平板电脑进行一次全面查杀，以后再定期进行查杀。

图3-29　"QQ手机管家"主界面

图3-30　"病毒查杀"界面

如果扫描结束后发现隐藏病毒或恶意程序，则单击"查杀报告"，在报告界面中选中想要处理的文件，单击"马上处理"按钮即可清除。

此外，若是第一次使用该软件，建议对Android平板电脑的系统进行一次全面体检。在软件主界面单击"一键体检"按钮，如图3-31所示。体检完毕后，若Android系统还存在待优化的项目，则软件会进行显示，如图3-32所示。此时，单击"一键优化"按钮即可逐一解决这些问题，十分快捷方便。

图3-31　"一键体检"界面

图3-32　"一键优化"界面

3.3　Android平板电脑系统升级

由于Android推出了最新的4.0版本系统，而市面上较多的Android平板电脑机型大多预置2.X版本或者3.X版本的Android系统，因此为了一次性升级到最新的版本，此处介绍刷机为系统升级的方法。简单来说，刷机就是清除Android平板电脑原有系统，重置RAM并写入新系统的过程，也就是改写Android平板电脑原内置的一些代码，类似于电脑重新安装操作系统。

 刷机有风险，减少这个风险的最好方法就是了解有关刷机的详细过程并做好备份（有关备份的操作请参考本书第4章内容）。

在刷机之前，首先强调以下固件升级注意事项。

（1）请认准固件升级。错刷固件将导致产品损坏，由此产生的问题只能自己负责；

（2）升级前请务必备份好机内的重要数据，升级过程中可能会格式化移动盘，升级完成后原有数据将全部丢失，无法恢复；

（3）升级过程中不能按复位键，不能有升级要求以外的操作，以免因操作按键导致升级失败；

（4）升级前请确认机器电量充足，最好是充满电再升级，避免因为电量不足导致升级失败；

（5）为避免升级操作不当导致升级失败，请严格按照升级方法操作（不同机型以及不同的电脑操作系统的Android系统升级方法可能有所不同，本文以Windows XP系统为例）。

某款机型在出产时搭载的是Android 2.3系统，因此，首先需要在其官方网站Android 4.0固件，进行解压，如图3-33所示。之后便可以进入"RKAndroid_v1.29"文件夹。在文件夹中，双击运行"RKAndroidTool.exe"刷机工具，如图3-34所示。

图3-33　进入文件夹

图3-34　运行刷机工具

在程序界面中，选中第一个"loader"复选框，其他几项已经默认选中，如图3-35所示。由于目前采用RK2918芯片的机器升级程序已默认路径，因此只要把前七个选项选中升级即可。

图3-35　选中第一个复选框

选择完毕后，插上数据线把Android平板电脑连接到电脑上面。长按机身上的物理"Menu"键，然后再按Reset键，XP系统将找到设备，这时松开机身物理"Menu"键。如果该电脑是第一次升级此设备，需要安装USB驱动，进入升级模式将自动弹出"找到新的硬件向导"对话框，然后选中"从列表或指定位置安装"单选按钮，如图3-36所示。

图3-36　找到新的硬件

然后单击"下一步"按钮，在新页面中，从"在搜索中包括这个位置"选项后单击"浏览"按钮，如图3-37所示，选择存放驱动程序的文件夹（在固件解压缩后的文件夹中，包含了一个名为"统一驱动"的文件夹，里面即为设备的驱动文件）。

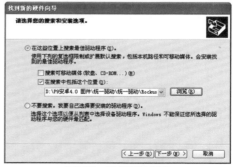

图3-37　选择驱动程序

> 　　若电脑采用XP 32位系统的选择x86/xp文件夹；Windows 7 32位操作系统的选择x86/win7文件夹；Windows 7 64位操作系统的则选择amd64/win7文件夹。驱动的选择和CPU种类没有关系，只和电脑的操作系统有关系，例如：采用AMD CPU的电脑，安装了32位的 XP操作系统，那也是安装x86/xp文件夹里的驱动，而采用Inter CPU的电脑安装了64位的Windows 7操作系统，那也应该安装 amd64/win7文件夹里的驱动。

　　选择后单击"下一步"按钮，系统将自动安装驱动程序，完成后将出现如图3-38所示的界面，表示设备连接成功。这时，刷机工具"RKAndroidTool.exe"界面的下方出现"发现一个RKAndroid Loader Rock Usb设备"字样，如图3-39所示。

图3-38　驱动程序安装成功

图3-39　设备连接成功

　　连接Android平板电脑设备成功后，首先单击"擦除IDB"按钮擦除IDB，如图3-40所示，操作成功后会出现提示。

图3-40　擦除IDB成功

　　然后，进行最关键的升级步骤。单击"执行"按钮便可以进入升级状态，此过程要消耗一点时间，请耐心等候。如图3-41所示，若升级成功，刷机工具界面右侧会出现提示，Android平板电脑将自动开机，此时可以拔掉USB数据线完成刷机过程。

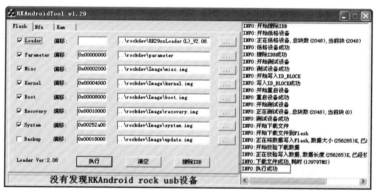

图3-41　刷机成功

第 **4** 章

平板电脑数据同步和备份

Android平板电脑的同步数据功能不仅可以通过系统中自带的谷歌服务实现，还能通过很多第三方软件进行数据的同步。

4.1 谷歌账户一卡通

4.1.1 多种数据同步方法

网络存储空间

通过如金山快盘、酷盘这类网络存储工具来进行移动办公，不失为一种同步数据的好方法。如图4-1所示，在"酷盘"的Android版客户端中，可以看到保存在酷盘中其他人的工作进度，便于负责人的统一管理。

图4-1 "酷盘"软件界面

第三方数据备份软件

此外，对于Android平板电脑用户来说，通过一些软件将存储在平板电脑中的私人数据同步备份到安全的网络空间，以方便随时调取。

图4-2所示，是"360手机卫士"Android版的"安全备份"功能主界面，通过这类软件将重要的联系人和个人信息同步到云端服务器，无论设备出现何种问题，只要能连接网络，就能够让数据和信息瞬间恢复，使安全系数极大提升。

图4-2 360手机卫士"安全备份"界面

图4-3所示，是"360
手机卫士"Android版防盗
备份的"备份个人数据"
界面，可以看到该功能支持
备份通讯录、手机短信、隐
私空间和手机卫士设置，只
需要注册一个手机卫士的账
号，就能把这些信息同步到
远端服务器，当出现更换设
备、设备损失的时候便能轻
松恢复相应数据。

图4-3 "备份个人数据"界面

有些Android平板电脑的定制系统已经删除了电话和短信功能，所以针对
联系人和短信的备份或恢复操作很可能引起系统崩溃。不过在备份之前，软件
会通过短信方式来验证信息，由于设备没有IMEI码（国际移动设备身份码），
无法发送验证短信，也就无法进行备份。这时可以利用Android系统内置的谷歌
账户同步功能，也就是Android系统专属的同步数据功能设置。

谷歌账户一卡通

因为只有谷歌更懂Android，所以通过谷歌账户对Android平板电脑中的一些
信息进行管理就非常方便了。首先，来看看谷歌账户的网页注册。

https://accounts.google.com/NewAccount?continue=http%3A%2F%
2Fwww.google.com.hk%2Fwebhp%3Fclient%3Daff-5566%26hl%3Dzh-
CN%26channel%3Dsearchlink&hl=zh-CN，如图4-4所示，登录这个网站，即可进行
谷歌账户的注册。

图4-4 谷歌账户网页注册

由于Gmail的使用更广泛，因此虽然同为谷歌账户，为了更好地使用Android平板电脑和其他Android设备，还是建议用户注册Gmail账户，因为@Gmail.com后缀的邮箱才是正统的谷歌派，这样使用谷歌账户才能更加方便。

　　对于Android平板电脑用户来说，建议在电脑上使用谷歌相关服务的时候先登录谷歌账户再进行操作，这样才能真正发挥Android平板电脑的同步数据功能。

　　下面介绍如何直接通过Android平板电脑的相关功能进行操作。

4.1.2　Android平板电脑数据同步详解

　　如图4-5所示，平板电脑已经通过"账户与同步设置"关联了"jacky5891@gmail.com"这个账户，并且开启了同步数据。

　　单击账户列表中的"jacky5891@gmail.com"账户，进入"账户与同步"界面，可以发现谷歌账户同步设置里有多个可同步选项，如"账户设置"、"同步电子邮件"等，如图4-6所示。单击"数据与同步"中条目即可开启相关软件的云端同步，进行同步时需要保持网络连接。

图4-5　"账户与同步"设置界面

如果处于Wi-Fi环境中，可以选择打开自动同步选项，保持Android平板电脑的用户数据随时与云端服务器一致。

图4-6　"账户与同步"界面

若还没有谷歌账户，可以单击"账户与同步"设置界面右上角的添加账户按钮，弹出"添加账户"对话框，如图4-7所示。其中有多种账户类型可以添加，在此单击"电子邮件"选项，添加一个Google谷歌账户。这里并不是直接创建一个谷歌账户，而是可以选择使用已有的谷歌账户登录，如图4-8所示。

图4-7 "添加账户"对话框

图4-8 "添加Google账户"界面

谷歌Gmail账户才是谷歌云端服务的根本所在，无论是联系人的电话号码，还是邮箱账号，甚至日程记录都会保存在Gmail邮箱中，同步Gmail就会同步最重要的数据信息。

当完成基本信息的填写后，单击"下一步"按钮进入Android平板电脑与服务器的通信过程。若登录成功，将会显示"账户选项"，如图4-9所示。

图4-9 "账户设置"界面

完成账户设置后，会要求用户输入显示在外发邮件上的姓名，按照屏幕提示设置即可。

设置完成后单击"下一步"按钮即可回到账户与同步设置界面，这时可以看到"copymouse5891@gmail.com"这个账户的右端灰色按钮已经变绿，说明Android平板电脑正在与谷歌云端服务器进行数据同步，如图4-10所示，稍等片刻就能开始使用。

图4-10　"账户与同步"设置界面

同样，当数据同步完成后，即可使用Android平板电脑上的Gmail客户端管理邮件，关于详细的谷歌系列软件的使用将在本书的第5章介绍。

4.2　91手机助手

91手机助手作为第三方Android平板电脑管理软件，除了具备丰富的主题、壁纸、铃声、软件和音乐等下载资源外，还具备一键备份还原功能，前面的章节介绍了91手机助手的软件管理功能，下面介绍它的备份还原操作。

4.2.1　备份数据

通过USB数据线将Android平板电脑连接至电脑，打开电脑端的91手机助手软件。软件会自动检测并连接手机，91手机助手会显示连接成功的图标，如图4-11所示。如果自动连接不成功，则可以单击手动连接按钮。连接成功后，单击软件界面上方的"功

图4-11　连接平板电脑成功界面

能大全"选项，进入如图4-12所示的界面，选择"备份/还原"选项。

可以看到"备份/还原"界面分为左右两个选项，分别是"本地备份"和"本地还原"，这里单击"本地备份"，它包含平板电脑常用数据的备份选项，如联络人、短信、通话记录等，选中完成后，单击"开始备份"按钮，如图4-13所示。

完成后会提示用户备份成功，如图4-14所示，单击"关闭"按钮即可完成备份操作。

图4-12 "功能大全"选项界面

图4-13 "本地备份"界面

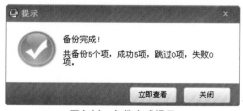

图4-14 备份完成提示

4.2.2 还原数据

在完成备份操作后，若遇到硬件损坏、人为因素或刷机导致的资料丢失，可以进行数据的还原操作。在"备份/还原"界面单击"本地还原"选项，左侧按时间列出了已经备份过的文件。选择一个文件，在右侧"备份选项"中，会出现需要还原的具体项目，选中并单击"开始还原"按钮即可，如图4-15所示。

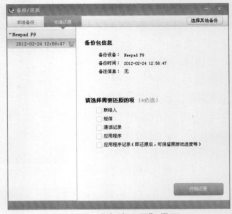

图4-15 "本地还原"界面

4.3 记忆至尊钛备份

联系人信息、短信和地图标记等这些细小的文件管理起来比较方便，若是遇上动辄几兆，甚至数十兆的软件，在通过类似于谷歌账户的云端同步恐怕无法实现。这时，本地备份就显得尤为重要，若是对Android平板电脑进行格机操作后能够从本地恢复软件等数据，让Android平板电脑快速恢复工作能力，那么刷机过程也会变得更加简便，同时可节约大量的电量和网络流量。

4.3.1 钛备份简介

下面介绍一款非常强大的Android系统备份和恢复软件钛备份，它是针对Android操作系统备份开发的，可以根据设置和需求，对整个系统或部分软件进行备份和还原，以免误操作造成系统损坏和软件损坏。它不仅能够备份平板电脑上的所有程序，还能保存每个程序的数据、Android市场链接等，极大减少了恢复系统时所需的时间。

4.3.2 钛备份界面

主界面介绍

它需要ROOT权限才能运行。如图4-16所示，单击钛备份程序图标进入软件界面，这里使用的是钛备份专业版，功能比较齐全。软件界面顶端是"基本信息"、"备份/还原"和"任务计划"三大功能区，中间界面是基本信息。可以看到持有的Android平板电脑已经开启了ROOT权限、HyperShell和SQlite，以及SD卡目录、备份目录系统信息，在界面底端的条状显示区域有系统ROM使用容量、内存和SD卡容量等信息。最底下是系统选项按钮。

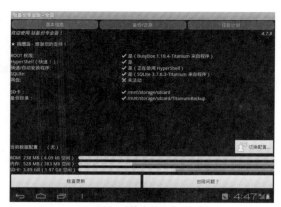

图4-16 "基本信息"界面

单击顶端"备份/还原"工作区，进入Android平板电脑软件列表，如图4-17所示。在此可以看到所有安装在平板电脑中的软件，并且在软件下方有是否备份的标记。在软件条目右端有黄色三角感叹号图标，同样提示用户该软件没有进行过备份操作。

除了手动备份外，钛备份还可以定时自动备份程序和数据，即任务计划功能，它是钛备份的特色功能之一，能够及时保持备份数据处于最新状态。下面单击"任务计划"进入任务计划功能区，如图4-18所示。

任务计划功能分为两部分，一部分是较为智能的"重做修改后的数据备份"；另一部分是更加全面的"备份所有新程序和新版程序"，用户可以根据情况自行决定。

图4-17 "备份/还原"界面

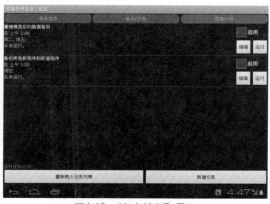

图4-18 "任务计划"界面

无论是Windows系统下的系统还原还是谷歌的数据同步功能，都存在着备份周期。同样，使用钛备份这种第三方备份软件，如果只是使用时进行备份，往往会导致备份的软件版本过于滞后，让软件的使用效果大打折扣。因此，强大的钛备份就在软件中集成了任务计划功能。

一般而言，第一种备份的周期较短，频率较高，因为只针对新版程序，如果一段时间内没有新增程序则不会产生备份。而第二种备份周期较长，在备份周期中，所有的新装程序和旧程序的新版本程序都将会被备份，相对第一种备份方法来说更加全面，需要的备份空间也更大。当然也可以同时进行两个备份，只需选中响应备份方式条目后面的"启用"复选框即可。

若要对计划作出调整，则单击"编辑"按钮，在弹出的菜单中选择备份的具体行为和时间即可，如图4-19所示。

图4-19　"编辑任务"对话框

备份图例

钛备份的程序菜单中会有帮助与支持、批处理、过滤器、市场工具、设置和更多选项。为了更快的熟悉钛备份的使用，可以单击"帮助与支持"→"图例"选项查看软件中的图例。如图4-20所示，没有备份数据的情况下是黄色三角感叹号，仅备份了系统数据是灰蓝色对钩图标，程序与数据均已备份是黄色的笑脸等。

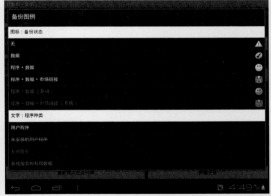

图4-20　查看"备份图例"

同样文字的不同颜色表示不同的程序种类，红色的系统服务尽量不要进行操作，另外有用数据也是用户尽量避免操作的类型，因此说掌握好图例就等于掌握了整个钛备份的精髓。

设置与菜单

相对于钛备份简洁的界面而言，其设置选项较为复杂。如图4-21所示，进入钛备份的设置界面后，可以发现整个设置界面分为常规设置、网盘、备份保护设置和备份设置等。对于常规设置中的自动同步设置，在标题下方有较为详细的说明。

图4-21 "设置"选项界面

GUI设置即常用的"UI"设置，用来调整用户界面等设置。网盘是通过网络将本地数据同步到钛备份的网络存储中，不过只有捐赠版钛备份才能使用这部分功能。对于备份保护设置中的加密，用户可以根据实际情况进行选择。如果是初次使用钛备份，其他设置尽可能保持默认状态。

在程序菜单中的"更多选项"中包含更多的设置选项，例如发送数据、程序存储使用情况概述、清理Dalvik缓存、刷新程序列表等。当完成所有设置后，再通过实例进行程序备份的实战操作。

4.3.3 实战备份还原操作

备份操作

单击"备份/还原"进入已装软件列表。这里以"3D桌球1.3"这款游戏为例，单击"3D桌球1.3"，会出现如图4-22所示的对话框，从中可以看到对话框中一共有五个选项按钮：备份、冻结、卸载、运行程序和清空数据，并显示从未对

图4-22 软件备份界面

"3D桌球1.3"进行过备份操作。这时单击"备份"开始备份。

　　完成备份后，在程序列表里可以看到原来状态显示"未备份"的"3D桌球1.3"已经变成了"1个备份。上一次：2012-3-9上午11:39"，可以看到上一次备份的时间和已备份的次数，同时在软件条目右端的黄色三角感叹号已经变成了黄色笑脸，参照图例可知已经备份了软件和软件数据，如图4-23所示。

"冻结"是禁止运行没用的软件但是并不删除软件，这样可以增加系统使用空间，提高运行速度；"清除数据"则是清空该软件的使用记录。

图4-23　软件备份完成后界面

在刷跨版本系统时，需慎重选择恢复数据，否则有可能导致不兼容而出现一系列问题。

恢复操作

　　备份完成后一旦遇到格机、系统故障、软件崩溃和误卸载等情况，就需要启动钛备份来恢复程序。如图4-24所示，模仿软件误卸载，卸载之前已经备份的"3D桌球1.3"这款软件。关于如何卸载软件在前面的章节操作中已有涉及，可以参照"整理应用程序"的相关内容。

图4-24　软件删除界面

确认已经删除"3D桌球1.3"后，重新进入钛备份，并使用"刷新程序列表"工具更新钛备份中的程序列表，这时可以发现原本排位靠前的"3D桌球1.3"已经消失了。向下拖曳列表，可以发现"3D桌球1.3"程序记录已经被横线划去，说明现在系统中该软件已经不存在了，如图4-25所示。

图4-25 软件删除完成后界面

单击"3D桌球1.3"，在弹出的对话框中关于软件的操作选项仅剩下"恢复"和"删除"两个选项，如图4-26所示。单击"删除"按钮将会永久删除备份在SD卡中的"3D桌球1.3"文件。这时也可以单击"恢复"按钮启动"3D桌球1.3"还原操作。

图4-26 软件恢复界面

为了确认钛备份对软件程序的恢复是否毫无瑕疵，通过桌面操作进入到程序列表，可以看到之前已经被卸载的"3D桌球1.3"已经重新出现在列表中，单击进入"3D桌球1.3"游戏界面，如图4-27所示，"3D桌球1.3"一切正常，完全可以放心使用。

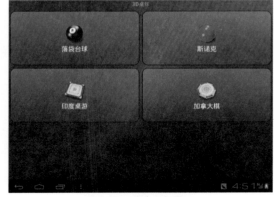

图4-27 游戏运行界面

在单击"恢复"按钮后，程序会提示选择还原的具体内容：选择"数据"，还原的是程序运行的历史和设置；选择"程序"，则还原的是备份时的程序；选择"程序+数据"，则会把该程序恢复到备份时的状态。其中"程序+数据"还原功能十分强大，可以还原该软件的设置参数，如果是游戏的话，连游戏存档都可以一并还原。

批处理命令

前面介绍的备份和还原操作都是针对一个软件，作为Android系统记忆至尊的钛备份，在批量操作上也绝对强大。调出软件设置菜单，选择"批处理"选项，如图4-28所示。

批处理的界面比较简单，但是内容却十分丰富，这个界面分为很多操作列表：比如确认备份、备份和恢复等，他们各自条目的前端都有不同颜色的"运行"按钮，单击即可启动。如"备份"中的"备份所有程序+系统数据"就是典型的批处理命令。

图4-28 "批处理"选项界面

第 **5** 章

Android
谷歌应用专区

在Android平板电脑上，谷歌出品的应用程序兼容性无疑是最好的。前面章节介绍了谷歌推出的安卓电子市场（Play Store，原名Android Market）的一般使用方法，本章将专门介绍谷歌推出的其他Android平板电脑应用程序。

5.1 谷歌Gmail和电子邮件

网页式电子邮件服务方式拥有强大的在线功能，在谷歌开发的程序和主打的网络服务中，深受商务人士的喜爱。

5.1.1 什么是Gmail和电子邮件

Gmail是谷歌开发的一款免费的、存储空间大，而且支持多国语言的网络邮件服务。它可以永久保留使用者的重要邮件、文件和图片，使用搜索可以快速轻松地查找所需内容。并且Gmail将即时消息整合到电子邮件服务中，方便使用者在线和好友聊天交流，并自动存储聊天内容，支持多种浏览器。

在Android 5.0系统中，Gmail的界面改为左右对照模式，用户可以清楚了解目前所在资料夹，让操作更接近于电脑端，用户可进行安装Gmail体验。不过，除了Gmail之外，谷歌在新版系统中，还集成了"电子邮件"功能，可以通过该功能加入其他Web Mail以及Exchang Mail，甚至能够设置要同步的Outlook和Gmail邮箱。

 新增账号的操作过程也十分简单，只需要输入个人的账号和密码，即可完成电子邮件的设置。如果邮件账户本身提供了联系人、日历等同步机制的话，用户还能够直接将资料同步进来。而针对邮件发送方面，用户可以选择以哪个邮箱作为预设的寄送账户。

5.1.2 新增邮件账户

这里以添加一个Gmail账户为例。在应用程序界面，单击"电子邮件"图标即可启动程序。首次进入电子邮件，系统会要求输入邮箱的地址和密码，如图5-1所示。输入完成后单击"下一步"按钮，系统便会自动连接服务器。与服务器成功连接后，会出现如图5-2所示的界面。在此可以设置邮件查收的频率，下方则列出了能够同步的项目。

图5-1 "电子邮件账户"界面

图5-2　"账户选项"界面

　　　简单来说，如果该邮箱账户提供了邮件以外的同步功能的话，便会在此出现比如联系人、日历等选项，用户自行勾选即可。

　　确认完要同步的资料项目后，可以设置电子邮件的显示名称，如图5-3所示。系统提供了内部和外部两种，前者为选择性填写，而后者则必须填写。

　　完成上述过程后，便能开始在Android平板电脑中收发电子邮件了，如图5-4所示。界面左侧为邮箱的分类资料夹选项区，右侧为邮件内容显示区，单击即可查看该封邮件。

图5-3　"账户设置"界面

图5-4　登录进入邮箱界面

5.1.3 我的电子邮件

打开邮箱后，邮件的使用方法与电脑端以及Web邮箱的操作大同小异，用户很容易上手。例如，单击任一邮件即可马上浏览其内容，如图5-5所示。在界面中邮件标题栏的右侧，分别是系统支持的基本的回复、全部回复或者转发等操作，最右侧还提供了添加星号功能，让用户可以将邮件加入为自己的收藏。

图5-5　浏览邮件界面

另外，系统为了给用户节约流量，或者出于安全方面的考虑，隐藏了邮件中的图片内容。如果希望看到邮件里的图片，则单击界面标题栏下方右侧的"显示图片"，这时界面会显示出邮件隐藏的图片内容。

如果是垃圾邮件，或者是其他重要邮件，用户还能够通过资料夹的方式进行分类管理。单击右上角的资料夹图标，便会弹出如图5-6所示的对话框，选择其中的资料夹选项即可对不同性质的邮件进行分类管理。

图5-6　"移至"对话框

如果确实是垃圾邮件，单击界面右上角的"垃圾桶"图标，还可以直接将其删除。

要新增邮件时，单击界面右上角带"+"号的信封图标，便能进入到如图5-7所示的邮件撰写界面撰写新邮件了。在该界面，除了填写基本的收件人、主题，并撰写邮件外，还可以寄送副本和密件副本。单击"主题"文本栏右侧的按钮，系统会弹出文件来源选项，用户可以从中选择所要添加的附件，邮件便会自动夹带该附件一同发送。

图5-7 "写邮件"界面

5.1.4 多账户切换

"电子邮件"还有另一大特点，就是多账户之间的瞬间切换。使用者如果拥有多个邮件账户时，只需要通过"新增账户"操作，即可加入两个以上的账户。而且电子邮件界面还提供了邮件账户清单，用户可以不退出程序重新登录，来实现在登录状态下的随意切换账户。

当设置了多个电子邮箱时，可以单击界面左上方的账号显示按钮，如图5-8所示。在弹出的下拉列表中，将以清单方式列出已经加入的账户，单击即可变更邮箱。

图5-8 切换邮箱账户

 若在其中选择"合并的视图"选项，则可以合并的方式显示所有电子邮件，让用户能够看见综合的邮件内容。

5.1.5　其他功能与设置

针对个人电子邮件账户的部分，还可以通过一些高级选项加以设置。单击右上侧的按钮，在弹出的下拉菜单中选择"设置"，进入图5-9所示的界面。对于每个电子邮件账户，都可以在此进行签名、快速回复和默认账户等一般设置，以及数据使用、通知设置、服务器设置和删除账户等系统选项设置。

图5-9　邮件账户"设置"界面

 其中，用户可以将任意一个电子邮件设置为预设的账户，方便发送电子邮件时作为默认账户。

例如，签名档是一小段个性化文字，例如使用者的联系信息、心情状态、人生座右铭以及企业文化等，这样在撰写和回复邮件时，会自动插入到使用者所发送的每封邮件底部。单击"签名"选项，在撰写栏中输入想要体现的文字，再单击"确定"按钮保存，签名就会成为电子邮件的一部分，在下次使用者撰写邮件时，自动添加到邮件中，如图5-10所示。

图5-10　"签名"对话框

除了电子邮件账号管理外，系统还提供了"电子邮件"常规设置，在界面左侧单击"常规"选项，如图5-11所示，在此可以调整"自动跳转"、"邮件文字大小"以及"请求显示图片"等选项。

可根据习惯进行文字大小的调节，这也是"电子邮件"功能设置的特点之一。单击列表中的"邮件文字大小"，就会出现"超小"、"小"、"正常"、"大"和"超大"五种字号选择，如图5-12所示。

图5-11 "常规设置"界面

图5-12 "邮件文字大小"对话框

5.2 Android谷歌翻译

在认识了谷歌的Gmail 和Android 5.0系统中内置的"电子邮件"之后，下面再介绍谷歌所开发的"谷歌翻译"软件，它也是商务人士聊天、收发邮件的必备辅助工具之一。与普通电子词典软件不同，谷歌翻译更注重的是信息的云搜索功能。

5.2.1 谷歌翻译介绍

谷歌翻译是一款免费的翻译软件，能即时提供57种语言翻译。支持任意两种语言间的字词、语句和网页翻译。谷歌翻译具有多种语言的发音功能，在使用谷歌翻译信息时，可通过单击翻译界面的扬声器图标，收听中文发音。

进入谷歌翻译界面，如图5-13所示，可以看到界面上方为标题栏，标题栏左边是源语言，右边为目标语言，单击中间按钮，可以调转两种语言。下面是文字输入框，使用者可以在此输入要翻译的语言文字。界面下方从左至右依次是短信翻译、历史记录和设置图标。

图5-13　谷歌翻译主界面

5.2.2　谷歌翻译的使用

单击源语言中的下拉菜单，会显示多种语言供使用者选择。例如，在源语言栏中选择"英语"，然后单击右边圆形按钮进行确定，如图5-14所示。

在目标语言栏中，也有多种语言可以选择，适合全球各地区的公司企业及有业务往来的国际贸易和电子商务人士使用。在对话框顶端是最近使用过的语言，这时也可以单击"阿拉伯语"将其设为要翻译的目标语言，如图5-15所示。

图5-14　"源语言"设置对话框

图5-15　"目标语言"设置对话框

接着单击文字输入框，因为刚才选择的源语言为英语，所以在这里输入想要翻译的英文单词，如输入"Book"，如图5-16所示，关闭输入法后单击完成。

图5-16 使用英语输入文字

稍等片刻，即可看到翻译结果界面，如图5-17所示。界面上方是搜索选项，下方是阿拉伯语中关于"Book"的翻译和解释，不仅是针对"Book"（书籍、书本）的名字解释，还针对"Book"（预订）的动词解释翻译。翻译单词的右侧是星标及扩音器按钮，单击后可进行单词标记及听单词发音。

将源语言设置为中文，目标语言设置为英语，在搜索栏里输入"书籍"，界面会出现其英文翻译结果，如图5-18所示。

图5-17 翻译结果界面

图5-18 翻译结果界面

注意　每次使用时都选择汉译英或者英译汉会很麻烦，这时只要单击目标语言和源语言中间的交换按钮，即可快速实现目标语言和源语言的对调。

　　谷歌翻译还可以进行多种语言互译，不仅能翻译单词还可以翻译整句话。例如在保持源语言"中文"、目标语言"英文"的情况下，输入整句话，例如"我想去桂林玩"，界面翻译便会自动出现其对应语句，如图5-19所示。同时，也可以从正在使用的文档中复制出要进行翻译的段落粘贴到搜索框中，快速实现全文翻译。

图5-19　翻译结果界面

　　下面介绍有关谷歌翻译的设置，按机身上的"Menu"键，选择"设置"选项，可以看到其包括"网络版'文字转语音'"、"查看详细的字典内容"、"会话模式"在内的选项，如图5-20所示，勾选其对应复选框即可完成设置。

图5-20　设置选项界面

5.3　Android谷歌星空

　　谷歌星空（Google Sky Map）是谷歌公司推出的一款用于观测星空的Android软件，如同一个迷你的天文望远镜，用户可以用它来观测星空。

5.3.1 谷歌星空介绍

谷歌星空的工作依靠Android系统内置的全球卫星系统GPS以及重力加速器，能够准确利用用户所在的地理位置，包括设备倾向以及面对的方向等来计算并显示当前设备所在位置的星空图，并且星空图可以随着用户的移动而移动，如图5-21所示。

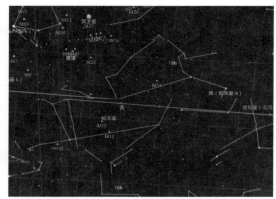

图5-21 谷歌星空主界面

5.3.2 谷歌星空的使用

前期准备工作

在使用谷歌星空之前，首先要确定用户的地理位置，只有这样才能显示正确的星空图。

安装好谷歌星空后，会处于自动模式，当打开3G网络或者GPS功能之后，它会利用传感器向用户显示一张与手握方向一致的星空图。通过晃动平板电脑可以进行星空的旋转操作，并且能用双指进行放大和缩小操作，如图5-22所示，使用起来十分方便。

图5-22 缩小星空图

繁星搜索

对于大部分用户来说，夜空中99%的星体都非常陌生。这种情况下，谷歌星空就需要具备搜索功能。当通过菜单按钮或者桌面上的"搜索"来搜索某个恒星、星座或者星系的名称时，谷歌星空就会显示出一系列匹配的搜索结果，任意选择一项，谷歌星空就会显示一个定位圆圈和一个箭头，以告知用户如何能够移动到相应的天体。如输入"北"字，在出现的匹配结果中，选择"北极星"，如图5-23所示。

当不断移动平板电脑接近目标时，定位圆圈会变成红色，如图5-24所示，最终变成橙色时，说明搜索的天体已经进入用户视野了。

图5-23　搜索繁星

图5-24　查找北极星

 当选择晚上使用谷歌星空时，软件提供了十分人性化的"夜间模式"设计。当选择"切换夜视"选项后，谷歌星空地图显示各个星体的时候会变为红色，使屏幕变暗，这样可以保护用户的眼睛，使用户能够适应黑暗的环境，如图5-25所示。

图5-25　夜间模式

时间旅行

通过谷歌星空的时间旅行功能，能够预测到将来某个时刻的星体位置。在打开的界面出现菜单后，单击"时间旅行"按钮，就会弹出一个对话框，如图5-26所示。用户可以按照自己的需求来设定一个时间，再单击"开始"按钮，就可以观看到设定的那个时间的星空状况了。

图5-26　"时间旅行"对话框

哈勃图片库

在图片库中，如果选中一张图片，谷歌星空会向用户展示完整大小的图片。如图5-27所示的涡状星系，是一个典型的螺旋状星系，距离地球只有3000万光年，跨度大小大概有6万光年的涡状星系M51，又被称为NGC5194，它是夜空中最明亮且最上镜头的星系之一。如果单击"在星空中查找"按钮，谷歌星空会转向搜索模式，并会显示出与图片相匹配的天体，如图5-28所示。

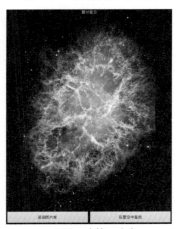

图5-27　哈勃图片库

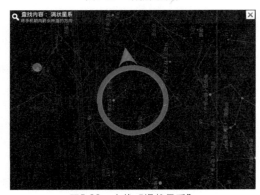

图5-28　查找"涡状星系"

> 浩瀚星空中有数不尽的星系，不过能直接看见的却不多，大部分星系离我们较远，所以肉眼难以分辨。比较常见的有猎户座、北斗七星和武仙星座等。猎户座位于天空的南方，主体三个星连成一条直线，这是猎户座最明显的特征。而北斗七星也在天空的北方，由七颗星组成一个勺子的形状。武仙座大球状星团，是北天天区中最明显、最广为人知的球状星团之一。武仙星座于1714年被发现，在没有月光的晴朗天空中，用肉眼就能看到，最佳的观赏时间是每年的七月份。

5.4　Android谷歌地图

谷歌地图作为一款使用率最高的地图类软件，拥有不少忠实用户。该地图丰富的功能，良好的地图显示能力，强大的资料拥有度使它傲立于众多的地图软件之中。

5.4.1　界面初览

启动谷歌地图之后显示的界面如图5-29所示，这是一张北京市的地图，首先介绍地图上的各种按钮和功能键。

界面最上方的是搜索栏，软件找到这个地点后会用一个小气泡在地图上标明。在界面的左上角单击三角形的箭头，可以弹出一个下拉菜单，在菜单中有很多选项，如图5-30所示。在软件右上角有两个图标，依次是图层和定位按钮，也都是地图上非常重要的工具按钮，其功能会在下面详细介绍。

界面右下角有一个放大镜似的图标，分别有一个加号和一个减号，这就是地图的放大和缩小按钮，单击加号放大地图，单击减号可缩小地图，操作方便快捷。

图5-29　谷歌地图界面

图5-30　"更多"下拉菜单

5.4.2　使用本地搜索

　　首先单击左上角的下拉按钮，在弹出的下拉菜单中选择"本地搜索"选项，便会显示如图5-31所示的界面，从中可以看到餐馆、咖啡馆等图标，如果想在地图上显示其中任何一类的地点，只需轻轻一点，便会在地图上显示出需要搜索的这类地点的全部位置。

　　以餐馆为例，在以中关村为中心的区域里，搜索"KFC"，出现的A、B、C等的气泡地标是KFC餐厅，而其他的红色圆点则是其他餐饮地点，如图5-32所示。

图5-31　"本地搜索"界面

图5-32　搜索"KFC"

5.4.3　地图图层解析

卫星视图

　　图层是谷歌地图众多功能中非常重要的一个。单击"图层"按钮后便会弹出如图5-33所示的对话框，分别有实时路况、卫星视图、地形、公交路线和纵横等图标。其中，实时路况是对有车一族非常重要的一项功

图5-33　"图层"对话框

能。启动路况功能，便能实时看到城市道路的拥堵状况，绿色表示畅通，红色表示拥堵，驾车一族由此便可选择合适的出行路线，如图5-34所示。

而卫星视图满足了许多喜欢观看真实城市环境的旅游者的好奇心，而且卫星视图比图例地图更加直观、形象，如图5-35所示。在图层选项里切换到卫星视图，缩小视图到最大尺寸，如图5-36所示，这时便可以浏览到全世界的地理地貌了。如果对世界地图熟悉的话，直接找准地点单击放大按钮，就可以将所在地的俯视美景尽收眼底。

图5-34 "实时路况"界面

图5-35 "卫星视图"界面

图5-36 视图缩小到最大尺寸

地形视图

它可以显示出页面显示范围的地形概况。单击地形图标之后，在地图上显示的就是形象直观的地形图了，山脉、平原、湖泊都可以看到，如图5-37所示。通过两个手指进行屏幕缩放，可以看清整个中国的地形图，从西南部的青藏高原到东部的华北平原，一览无余，如图5-38所示。

此外，单击机身的"Menu"菜单键，可以调出软件菜单。在软件菜单中，自左到右分别是搜索、路线、清空结果、更多、设置和帮助按钮。

搜索按钮和最上面的搜索条有同样的功能，输入要查找的地方名称，比如输入"天安门"，从中选择自己确定的条目，则会在地图上显示出如图5-39所示标志，这就是搜索目标在地图上的位置。单击气泡中向右的扩展按钮，会显示如图5-40所示的扩展内容界面。

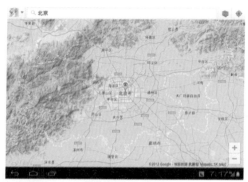

图5-37　"地形"视图界面

图5-38　缩放地形视图

图5-39　搜索"天安门"

图5-40　扩展内容界面

获取路径

路径也是非常有用的，可以设置出发地到目的地之间的合理行走路线。在主界面菜单中选择"路线"选项，则会显示如图5-41所示的界面，在"我的位置"栏中输入自己所在的位置，在下一栏中输入要到达的目的地，在第三栏分别可以看到三个图标，自左到右分别为查询汽车、公共汽车和步行路线的选项。当选择好起点和终点后，单击"驾车"按钮，则在界面上就能显示出最便捷的驾车路线。

以从清华大学到天安门为例，首先在第一栏输入清华大学西门站，然后在第二栏输入天安门，最后单击驾车图标，这时就可以在地图上清晰的看见一条蓝色的路线，这就是软件自动设置的最快捷路线，而且还可以调出路线中经过路口的详细信息，如图5-42所示，当经过路口不知如何通过时，软件还可以帮助用户轻松拐弯。

而公交线路的设定，出发地栏和目的地栏与前面一样，不再赘述，只是这次的出发地和目的地分别换成了中关村和军事博物馆。然后单击第三栏中间公交图标，便会显示如图5-43所示的界面，在这个界面中可以选择不同的道路，从中选择合适出行的方案，比如选择"1

图5-41 "路线"界面

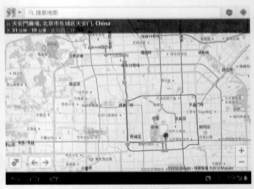

图5-42 驾车线路界面

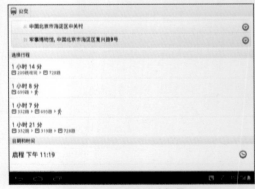

图5-43 公交线路选择界面

小时8分线路"，之后会显示一个详细的天蓝色的路线图界面，如图5-44所示。单击右下角的放大按钮，软件会在每个拐弯处、换乘处标注提示，还有与公交相关的时间信息。

谷歌地图是一款非常实用的地图类软件，能为广大用户提供非常便捷的服务，而且完全免费。

图5-44　公交线路界面

5.5　谷歌软件小集合

5.5.1　谷歌搜索

谷歌搜索功能可以让人们通过平板电脑来查找Android平板电脑中的程序、文件，也可以通过连接到网络，随时随地查询所需要的信息。如图5-45所示，在Android平板电脑中的主界面顶端标注"Google"字样的搜索条就是谷歌的快速搜索栏，在需要搜索时只需单击搜索栏，即可进入谷歌搜索页面。

在搜索栏中输入想要查询的信息，在输入过程中长按搜索框会有多种输入法可供选择，若以前搜索过类似的词条则会在搜索栏的下方出现以前的搜索词条来供用户选择，在输入完成后单击"搜索"按钮即可对相关信息进行搜索，如图5-46所示。

图5-45　主界面谷歌搜索条

图5-46　输入搜索信息

搜索结果如图5-47所示。可以从中选择自己所需要的信息，单击搜索结果链接进行详细查询，如图5-48所示。如果信息比较多，一页浏览不完的话，可以通过拖曳页面翻页来查看下面的信息。

图5-47　搜索结果页面

图5-48　搜索结果详细信息

 如果Android平板电脑上的程序很多，还可以使用谷歌搜索框进行检索。例如，想要启动"腾讯QQ"上网聊天，只要启动搜索程序，输入关键词"QQ"后，还未单击搜索就会出现"QQ"程序图标。

5.5.2　谷歌音乐

单击艺术家后，谷歌音乐将会以歌手姓名的第一个字的拼音首字母顺序来排列，可以从中选择喜爱的歌手查看在他（她）名下存有哪些歌曲，如图5-49所示。单击想要选择的歌手名字，会进入以歌手姓名建立的虚拟音乐文件夹，单击其中的歌曲即可开始播放。

图5-49　"艺术家"分类界面

单击专辑之后会出现一个歌手专辑名称的列表，同样按照拼音首字母的先后顺序排列，如图5-50所示。单击专辑名称后，会出现存储在Android平板电脑中所属这张专辑的歌曲，然后在这些歌曲中选择想要听的歌曲播放即可，如图5-51所示。

图5-50 "专辑"分类界面

图5-51 查看专辑中的歌曲

除此之外，还可以通过浏览全部歌曲来查看Android平板电脑中存储的歌曲，顺序都是按照拼音首字母先后顺序排列，可以通过拖动列表快速查找歌曲，如图5-52所示。

图5-52 "歌曲"分类界面

"播放列表"中的所有歌曲是用户自定义的虚拟音乐文件夹，可以将最喜欢的几首歌曲提取出来独立成为一个播放列表。例如，播放这首歌曲，在单击之后会出现如图5-53所示界面，在界面顶端左侧有一个光盘图标是现实专辑图片或者歌手头像的位置，在中间顶部从左至右有四个按钮，依次是播放列表、随即播放开关、循环模式、歌词。

图5-53　歌曲播放界面

单击播放列表后会出现自定义歌曲列表；单击随机播放开关可以打开或关闭随机播放模式；单击循环模式按钮则可以在全部循环、单曲循环的播放模式中切换。在播放歌曲时还可以通过界面下方的歌曲播放键和前后切换键来进行操作，同时也可单击进度条的不同位置控制播放进度。

此外，可以利用谷歌音乐内置的自定义播放列表功能解决这个问题。长按喜欢听的一首歌曲后，出现如图5-54所示的对话框，在对话框中有各种功能选项可进行选择，这里单击添加到播放列表选项，如果之前建立过列表可以选择对应的自定义列表，同时也可以新建一个列表，将这首歌曲放入。

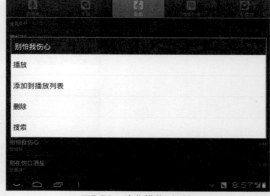

图5-54　歌曲操作对话框

5.5.3　谷歌图库

谷歌Android系统中内置了3D图库软件，这里简称谷歌图库。谷歌图库作为原生软件，系统兼容性好，图像显示效果清晰，支持多种分享方式和设置方式。

打开图库程序后会出现如图5-55所示的界面，界面上的图片会根据文件夹进行分类。单击任意文件，其中的图片会跳出来铺满屏幕，如图5-56所示。不过由于文件大小不同，图片可能会出现一段时间的黑图，需要耐心等待让软件缓冲完毕即可。

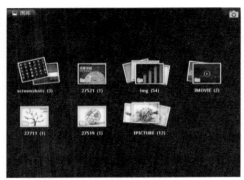

图5-55　图库主界面

在打开图片后，屏幕的右下方会有两个放大镜，用来调整图片的大小，左侧的"－"放大镜用来缩小图片，右侧的"＋"放大镜用来放大图片，在工作时可以通过调整两个放大镜来观察图片，同时也可以使用缩放手势来快速放大或缩小图片。

图5-56　图片显示界面

 所谓3D图库，是指当使用谷歌图库进行图片查看时，左右晃动Android平板电脑，由重力感应器感知的方向变化反馈到软件，同时软件中就会让显示有文件缩略图的文件随方向摆动，效果非常好。

屏幕左下方有一个播放幻灯片按钮，可以用来依次播放该文件夹中的图片，这就使Android平板电脑变为一个电子相框。如图5-57所示，单击机身菜单键后，出现软件菜单，可以单击三个选项来对图片进行详细的操作与修改。

图5-57　调出软件菜单

页面下方三个按钮的功能依次为："分享"、"删除"和"更多"。单击"分享"按钮后，会提示用户使用哪个程序进行分享，例如使用Google+和Gmail等进行分享时，只需要登录相关账户就能将图片成功分享，如图5-58所示。

图5-58 "分享"选项

第 **6** 章

Android
平板电脑屏幕美化

本章将从桌面壁纸、特效桌面、桌面美化软件和字体美化等几个方面展开介绍，将Android平板电脑打造成真正的时尚典范。

6.1 换张壁纸更精彩

一个绚丽、舒适的桌面壁纸对于Android平板电脑来说必不可少。而Android系统不仅支持静态壁纸，还在Android 2.1版本后加入了对动态壁纸的支持。

6.1.1 静态壁纸

在Android平板电脑中，壁纸的设置方法很多，可以通过壁纸选项替换，也可以通过看图软件直接替换，还可以通过壁纸软件进行替换。这里首先使用系统中的壁纸选项来替换。

图6-1 "选择壁纸来源"对话框

在桌面空白处长按至弹出菜单选项，单击"壁纸"将会出现如图6-1所示的"选择壁纸来源"对话框，选择"壁纸"即可进入系统内置的静态壁纸设置。在出现的界面中，可以通过滑动界面底端的桌面壁纸缩略图窗格来查看更多的桌面壁纸，如图6-2所示。

图6-2 设置壁纸界面

这里的壁纸均是Android系统内置的，效果不错。选好以后，单击最下方的"设置壁纸"按钮，此时桌面就替换成了选中的壁纸。

相对于系统内置和其他优化主题所搭配的壁纸来说，通过专业壁纸软件下载的壁纸分辨率更高，显示效果更好。图6-3是一款

图6-3 "Android壁纸"主界面

在Android系统平台非常知名的壁纸软件"Android壁纸"的主界面截图。将壁纸划分为美女、动物、风景、动漫等12种类别，几乎涵盖了常用的几种壁纸类型。例如，选择"风景"类壁纸，如图6-4所示，默认显示一些最新上传的壁纸。

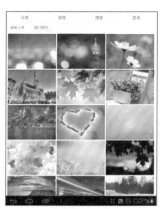

图6-4　"风景"类壁纸界面

同时可以单击缩略图上方的"热门排行"进行二次筛选，看看其他用户都钟情于这个门类中的哪些壁纸。单击缩略图为雪景的壁纸，进入壁纸的设置和详细信息界面。如图6-5所示，可以看到壁纸预览图，图片左上角是用户浏览壁纸时添加的标签。

图6-5　壁纸设置和详细信息界面

图片下方有"设置壁纸"和"登录"选项，单击"设置壁纸"。稍等一下，软件将会自动切换壁纸，返回主界面即可查看桌面效果，如图6-6所示。如果不满意可以继续挑选壁纸，也可以直接通过搜索功能精确定位可能包含某一关键词的壁纸资源。

图6-6　设置壁纸效果

在界面下方的"新标签（请添加与图片相关的标签）"文本框中填写相关的词句，可以给这张壁纸增加标签，这样做能够方便其他人找到这张壁纸。

6.1.2　动态壁纸

动态壁纸其实是一个程序，与静态壁纸的图片不同，一般需要通过软件市场进行下载，文件体积也比较大。但动态壁纸除了可以将壁纸画面进行动态显示外，在很多动态桌面中，还会融合有声音的反馈、触摸的效果等互动元素，使桌面整体效果有较大提升。

如图6-7所示，在桌面空白处长按调出桌面菜单，选择"动态壁纸"选项，可以看到图6-8所示的界面，其中的动态桌面列表可供选择。Android平板电脑中内置多种动态壁纸，同时也可以通过软件市场等方法获取。

图6-7　"添加到主界面"对话框

图6-8　动态壁纸设置界面

限于Android平板电脑屏幕高分辨率的情况，针对Android手机开发的部分动态壁纸可能因为过度拉伸而导致图像变形或失真，所以在为Android平板电脑挑选动态壁纸时，应尽量选择文件体积较大的动态壁纸，这样的壁纸通常采用了分辨率更高的图片和动态效果。

Honeycomb Wall（Donate）

单击"Honeycomb Wall（Donate）"这一款动态壁纸，进入壁纸设置界面，如图6-9所示。这款动态蜂巢壁纸是专为Android平板电脑设计的，分辨率和效果都比较出色，能够在Android 4.x版本系统上体现Android 3.x系统桌面效果。在壁纸设置界面的底端有两个按钮，即"设置…"和"设置壁纸"，分别是壁纸效果微调和应用壁纸。

图6-9　壁纸设置界面

单击"设置壁纸"，在系统设置完毕后会自动返回桌面。经过短暂的加载过程，就能在桌面显示出梦幻的动态桌面效果，如图6-10所示。单击蜜蜂身体，蜜蜂会发亮，头部会上下振动，并发出"嗡嗡"的蜂鸣声。在壁纸中央动态显示时间、月份、星期和电池电量，其强大的功能是静态壁纸无法比拟的。

图6-10　设置壁纸效果

 不过动态壁纸的强大功能也会带来耗电量的大幅增加。

Luma梦幻圈

图6-11是一款名为"Luma梦幻圈"的动态壁纸，前景的同心梦幻圈会随机从屏幕左下方成批出现，慢慢向右上方移动，背景中朦胧的浅色梦幻圈会时隐时现，效果十分梦幻。

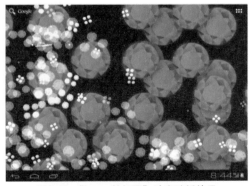

图6-11　"Luma梦幻圈"动态壁纸效果

樱花飘零

樱花飘零动态壁纸是Go Wallpaper DevTeam制作的第一款动态壁纸，细腻逼真的樱花花朵和花瓣从界面顶端的两棵樱花树上飘落，效果唯美典雅，适合女孩使用，如图6-12所示。

图6-12 "樱花飘零"动态壁纸效果

6.2 特效桌面更惊艳

特效桌面是指完全颠覆传统Android系统UI设计的一类桌面软件，这类桌面采用非常特殊的桌面元素实现漂亮、惊艳的桌面效果，比如将Android桌面变成Windows 7桌面，或者实现夸张的3D切换效果等。

6.2.1 Windows 7特效桌面

在各大软件市场上有众多特效桌面软件。图6-13所示是开启"Windows 7桌面汉化版"这款特效桌面后的效果。我的电脑、我的文档、浏览器等图标都采用了Windows 7的图标。界面底端的开始菜单栏也采用了非常逼真的半透明玻璃效果，右下角是电量、声音和时间日期选项。

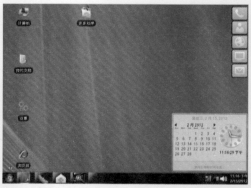

图6-13 "Windows 7桌面汉化版"的效果

注意

单击时间日期选项，会弹出与Windows 7效果基本一致的时间和日期小窗口。界面的右侧上端的灰色按钮是拨号、联系人、浏览器等功能的快捷方式。

单击界面左下角的开始按钮，会弹出如图6-14所示的界面，与Windows 7开始菜单一样，单击所有程序还会显示出Android平板电脑中已经安装的程序，通过上下滚动列表或者在程序菜单搜索框中输入关键字找到程序，单击程序条目即可启动程序。

这时，可以单击开始菜单顶端的"恢复桌面"按钮，切换回Android平板电脑的原生界面。

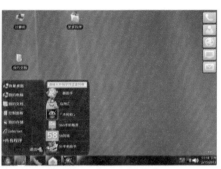

图6-14 "开始"菜单效果

单击开始菜单中的"我的电脑"，进入和Windows 7类似的文件夹管理器，如图6-15所示。界面的左上角是导航键，中间的长条区域是地址栏，界面右上角是关闭按钮，地址栏下方是一系列的文件夹操作按钮，浏览文件夹只需单击文件夹图标。最下方的信息栏显示了文件数量统计和机身存储容量，界面虽小，却包含了众多功能，十分实用。

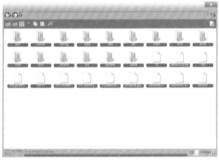

图6-15 "我的电脑"界面

6.2.2 雷吉纳（Regina）3D特效桌面

雷吉纳（Regina）3D特效桌面是非常著名的3D特效桌面程序，拥有非常丰富的功能，包括天气、代办事宜、壁纸管理等小部件。当启动后，界面与平时使用Android平板电脑桌面基本一致，只是更换了特效的桌面壁纸，并添加了一些效桌面小部件，如图6-16所示。

用手指滑动切换分屏界面时，桌面立即回缩，呈现出如图6-17所示的效果，通过移动手指位置可以左右切换分屏，上下调整可视角度，操作灵

图6-16 "雷吉纳"3D特效桌面

活并带有震动效果。同时，还可以在桌面设置中更改每个分屏桌面的壁纸。程度菜单采用了如同4D环形屏幕似的效果，当向右侧滑动时，整个图标界面会呈现左近右远的视觉效果，快速滚动时，就会出现两端放大，中间收缩的弧形视角，令桌面感觉如同一个缩小的4F环形荧幕，如图6-18所示。

图6-17　切换分屏界面

图6-18　程度滚动菜单

6.2.3　环形程序启动器

宫格式的桌面图标摆放久了都会觉得呆板，如果能够采用这款环形程序启动器，那么整个桌面就会变得灵动许多。首先，从软件市场下载该插件，进入窗口小部件选择菜单，找到环形启动器系列选项，选择"环形启动器（2×2）"，这个尺寸的小部件能较好显示环形图标界面，如图6-19所示。

添加环形启动器部件后，会进入环形启动器的设置界面，如图6-20所示。在此可以对启动器进行微调，并添加程序或者更改启动器的颜色设置。

图6-19　"选择窗口小部件"对话框

图6-20　"桌面圆圈启动配置"界面

单击"选择应用程序",进入程序图标添加界面,如图6-21所示。这里列出了Android平板电脑中安装的所有程序,通过选中程序名称后面的复选框选择程序,选择的程序越多,在桌面环形启动器的环形转盘上显示的程序图标越密集,效果反而会有所下降。

图6-21 "选择你的应用程序"界面

单击设置界面的"额外配置"选项,可以调整背景亮度值,即在打开启动器时背景桌面的亮度,以便更突出地显示环形启动器,如图6-22所示。其他设置中,比如模糊背景、中心开启启动器、调整图标大小和插件的一些配置都是对启动器显示的微调,可以在熟悉启动器后自行调整。

图6-22 "额外配置"界面

 启动器的类型还可以选择使用"联系人启动器"、"书签启动器"以及"程序启动器"等,这几种启动器的设置不尽相同,不过限于市场上绝大部分Android平板电脑不具备手机功能,因此本书仅对程序启动器进行介绍。

当完成设置退出时,绿色的启动器就会出现在桌面上,如图6-23所示。这时不会自动启动环形的图标圆环,只有单击桌面上的绿色启动器按钮后,程序图标才会呈现环形分布在四周,当手指从程序图标上划过时,

图6-23 桌面绿色启动器

图标会跳动凸显，非常有趣，如图6-24所示。

图6-24 "环形启动器"效果

 这时可以单击绿色启动器按钮或者机身返回键返回待机界面。此外，当长按绿色启动器按钮时，可以调出环形启动器的设置选项。

6.3 主流桌面启动器

桌面启动器作为针对Android系统开发的桌面美化软件，从图标样式风格、屏幕操作方法，到全新桌面分屏切换方式以及独立的桌面效果设置，为用户提供了一整套美化方案。

 就如同Windows的系统主题一样，不仅运行起来更加稳定，还拥有众多个性主题可以下载使用。不过，使用桌面启动器软件有时会完全颠覆系统内置启动器的操作方式，对程序的启动位置、屏幕手势、常用按键等功能彻底更改。

安装好桌面启动器之后，单击机身主界面键，会弹出桌面启动器切换对话框，如图6-25所示。可以看到，系统中安装了91熊猫桌面、ADW主界面、桌面助手和QQ桌面Pro等，单击相应选项即可进行桌面切换。

图6-25 "选择要使用的应用程序"对话框

同时，对话框中也可以看到前面特效桌面内容中提到过的雷吉纳3D桌面和Windows 7桌面，在此也可以启动它们。

6.3.1 91熊猫桌面

91熊猫桌面支持桌面主题应用，提供海量主题下载，支持最多11个分屏，还提供DIY自定义图标、字体等功能，完美支持众多分辨率设备，对于Android平板电脑的支持也较好，特别是透明美化效果比较出色。如图6-26所示，91熊猫桌面界面非常简洁，顶端依然是系统状态栏，屏幕底端是一条透明的系统托盘，从左起默认为拨号按键、程序菜单、浏览器按钮和"换装"程序图标，整个界面与Android平板电脑自带的桌面助手相差不大。

单击程序菜单键进入程序菜单，底端加入了底边栏，从左起分别是一键优化、退出程序菜单和快速查找选项，这里的程序列表采用左右滚动型，如图6-27所示。单击底端的"快速查找"选项，会出现如图6-28所示的界面。

图6-26 "91熊猫桌面"效果

图6-27 "91熊猫桌面"程序菜单

图6-28 "快速查找"界面

界面上方的列表是程序按照A～Z的英文字母顺序排列的，由于有英汉两种程序名称，所以排列顺序并不合理，不过在使用时还是可以通过单击列表下方的三字母程序筛选键来快速定位程序。91熊猫桌面的这个功能是其他几个桌面启动器软件所不具备的。

在程序菜单界面，单击"正在运行"选项，会列出当前Android平板电脑中正在运行的程序，以及空闲内存与总内存的数据，可以通过单击程序名称来管理程序，也可以通过单击底部的"关闭所有程序"按钮来实现智能程序管理，关闭无用程序，释放内存空间，如图6-29所示。

关闭程序菜单后，回到主界面，单击右下角的"换装"程序图标，即可更换桌面启动器的主题。更换主题其实就是替换当前壁纸。如图6-30所示，91熊猫桌面提供了非常多的桌面主题下载，虽然其中部分精致、华丽的主题需要付费来获得，但依旧有非常多的免费主题可供选择。

在当前界面的下端，有五种不同主题获取方式，包括最新主题、精品主题、主题排行榜、分类主题下载和本地主题切换。

单击"本地"选项，进入已经安装的主题管理界面进行主题切换。之前系统已经安装了"兔宝宝"和"时光"两款主题，如图6-31所示，从预览图上可以看到两款主题的图标样式都是不一样的。单击"时光"，在弹出的对话框中选择"应用主题"，如图6-32所示。

应用时光主题后，壁纸替换成了时钟的样式，侧边工具栏和内置的程序图标都发生了变化，如图6-33所示。

图6-29　"一键优化"界面

图6-30　"换装"界面

图6-31　"本地"主题选择界面

图6-32 主题设置对话框

图6-33 "时光"主题效果

 不同的主题侧边栏会有不同的效果和图标排布，限于Android平板电脑的高分辨率，在一些细节上可能会因为强制拉伸导致变形，因此下载主题应当选取文件体积比较大的主题程序，或者多尝试几款主题。

在91熊猫桌面的主界面，单击机身菜单键，会在桌面底部出现桌面菜单，在这里可以进行多项桌面操作，单击桌面菜单右端的"熊猫桌面"进入设置界面，如图6-34所示，在此可以对软件的主题选项、桌面特效、桌面图标宫格数和窗口小部件等进行设置操作。

图6-34 "91熊猫桌面"设置界面

6.3.2 QQ桌面Pro

QQ桌面Pro同样是一款优秀的Android桌面启动器软件，它提供了屏幕管理、应用程序管理和桌面主题管理等常用桌面功能，可以完全替代原生系统桌面。如图6-35所示，QQ桌面Pro采用非常华丽的界面效果来展现Android系统的出色性能，类似苹果iOS系统立体景深托盘效果的低端工具栏、纯净半透明的图标效果、简洁利落的桌面切换方式等。

软件还采用了四叶草样式的程序菜单，界面顶端的电量控制小部件采用乳白色背景和天蓝色图标，单击界面右端的"…"可以选择其他设备的电源管理开关，如蓝牙、同步数据等，如图6-36所示。与Android原生的谷歌搜索框相同的"SOSO"搜索功能是腾讯旗下搜索业务的嵌入。

QQ桌面Pro的程序菜单也进行了全新定制，默认采用16宫格的宽松排布，并使用半透明背景衬托，能与桌面的动态壁纸完美契合，如图6-37所示。当移动某个程序图标时，不需要直接退出程序菜单返回到桌面，而是在界面顶端和底端引入了垃圾箱和移动到桌面二次确认功能，若只是在程序菜单中进行分类规整时，不用再退回主界面进行删除卸载等操作，极大增加了程序菜单的实用性。如图6-38所示，将"时钟"图标放置到桌面时，需要先拖曳到底端的"移动至桌面"二次确认。

图6-35 "QQ桌面Pro"效果

图6-36 "快捷开关"对话框

图6-37 "QQ桌面Pro"程序菜单

图6-38 将程序图标放置桌面

相比其他桌面程序，QQ桌面Pro在桌面菜单上的改进不大，不过当启动桌面菜单时，会自动调低背景亮度，凸显桌面菜单。

QQ桌面Pro的桌面菜单也分为添加功能、屏幕管理功能、主体功能、桌面设置等功能，如图6-39所示。不过它将桌面的分屏、图标宫格设置与桌面的整体设置进行了分离，便于快速进行桌面特效的更换。同时，还可以通过换肤选项进行快速的主题切换，不过需要注意的是切换主题后，自定义的壁纸也将被替换掉。

单击"换肤"进入QQ桌面Pro的主题更换界面，如图6-40所示，QQ桌面Pro提供了一款默认主题和很多在线主题的下载，如果希望使用新主题，需要下载安装。"经典"主题是仿MIUI效果制作的MIUI风格桌面主题，界面绚丽多彩；"童年的画板"主题采用儿童画稚嫩画风设计主题，十分可爱；而"水族"主题则采用深沉的灰蓝色界面效果。

图6-41所示的界面是应用"童年的画板"主题后的效果，以蓝色英语练习本为主壁纸，可爱的工具托盘和图标设计给画面增添了不少童趣。除了图标和背景的改变外，在窗口小部件的设计上也有所调整，不过整体的操作并没有太大改变。

图6-39 "QQ桌面Pro"桌面菜单

图6-40 主题更换界面

图6-41 "童年的画板"主题效果

6.3.3　ADW主界面

ADW主界面绝对是最富盛名的桌面启动器，其具有数以百计的主题、多样化的自定义桌面托盘和程序抽屉风格，在使用上也是性能最出色、运行最稳定的桌面启动器之一。

如图6-42所示，长按桌面图标，不仅可以拖曳图标，松开手后，还能出现图标小菜单，可以选择对程序图标的直接操作，包括直接删除、编辑名称、程序管理和分享应用，相比在桌面四周建立操作条设计要轻巧得多。

图6-42　"ADW桌面"效果

 除了ADW桌面默认的经典主题外，还提供了采用4D风格程序菜单的Nexus样式主题，和采用花式背景图标的桌面主题效果的iPhone样式主题，也可以在网上下载ADW桌面专用主题进行美化，不过由于是外国人开发的软件，主题更换上有些不符合国人习惯。

图6-43所示为程序菜单，当横置Android平板电脑时，在屏幕右侧可以看到三分格的系统托盘，拖曳程序图标到系统托盘可以替换默认的图标。

此外，ADW桌面还拥有丰富的个性化设置系统，包括自定义图标效果、自定义托盘效果、全局颜色调整、自定义屏幕效果、多级桌面滚动速度、壁纸滚动、Sense桌面缩略图风格、多种屏幕手势和系统设置等。例如，长按桌面即可弹

图6-43　"ADW桌面"程序菜单

出"添加到主屏幕"对话框，如图6-44所示，从中可以对主屏幕进行多种设置，相比前面几种桌面启动器采用的直接更换主题的方式，ADW桌面更适合对Android系统非常熟悉的用户使用。

图6-44 "添加到主屏幕"对话框

6.3.4 GO桌面EX版

GO桌面EX版同样是一款安装量巨大的桌面启动器软件，支持主流的自定义美化桌面和更换主题，操作上非常流畅，另外还加入了滚动系统托盘功能，多分屏快速添加调整等功能。

GO桌面EX版的系统托盘采用了滚动式设计，一般的桌面启动器软件只提供5个系统托盘快速启动程序图标，而GO桌面EX版的多栏式图标可以增加更多的位置，甚至可以像分屏设计那样，在不同组放置不同类型的程序，如图6-45所示。

图6-45 "GO桌面EX版"效果

此外，GO桌面EX版的桌面分屏灵活性也非常高，可以通过在待机界面使用上滑手势调出屏幕预览模块，与HTC的Sense屏幕切换风格相似，这里可以通过点亮缩略图下方的"小房子"来设置主屏幕，也可以通过拖曳调整屏幕的排列顺序，如图6-46所示。

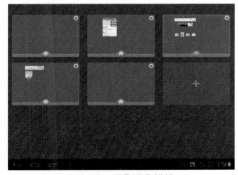

图6-46 屏幕预览模块

GO桌面EX版还有一个特色功能，即抖动功能表。在程序菜单界面，长按图标进入图标晃动状态，和iPhone程序操作类似，这时程序图标的右上角会出现"红叉"按钮，单击该按钮可卸载程序，如图6-47所示。如果程序菜单中有文件夹，文件夹的右上角会出现黑色的可编辑按钮，单击按钮可以给文件夹重命名。

图6-47　抖动功能表界面

此外，GO桌面EX版还可以实现程序图标的隐藏（如图6-48所示），更改排列规则，同时也具有内存清理功能和查看使用程序历史的功能。GO桌面EX版对于系统界面的美化做得不错，同时在细微之处的设计也非常独特，只不过相对来说在Android平板电脑上的稳定性略微逊色。

图6-48　"隐藏应用程序"界面

6.3.5　绚丽3D桌面

NetFront Life Screen，又名绚丽桌面，是一款非常酷炫的3D风格主屏幕应用程序，可以在主界面非常华丽地显示应用程序。另外，其操控方式有别于一般主屏幕，以立体及旋转方式操作，很有新鲜感，不过对于Android平板电脑的性能要求较高，适合美化发烧友使用。

　　由于是国外开发的软件，绚丽桌面还支持Twitter/Facebook/Evernote/mixi社交网络和Youtube服务，采用独有的换装滚动菜单，使用会话式界面显示每个程序图标下的设置和二级信息条目。

每个图标都采用立体镜像效果呈现，并且图标呈转盘式排列在桌面底部，这个转盘最多可以放置16个程序图标，按住转盘的任何一个位置进行拖曳都能将其转动起来，找到分布于转盘上的程序图标，如图6-49所示。通过将程序图标拖曳到转盘空白位置可以向转盘添加程序图标，也可以长按一个程序图标，将其取出放回到魔方程序菜单。值得注意的是，转盘里不能放置两个完全一样的程序。

在程序图标大转盘上方是一个可以前后滚动的魔方式程序菜单窗口，可以上下滚动。由于绚丽桌面没有采用独立的程序菜单，只能从类似桌面窗口小部件的窗口中将程序图标拖曳出来。当需要删除转盘上的程序图标时，只需将图标拖曳到程序菜单窗口中，操作与常用的桌面启动器略有不同。

绚丽桌面也具有多分屏设计，在主屏幕中，转动转盘将程序图标移到左下角主景位置，程序图标出现蓝色辉光，绚丽桌面就会显示出程序图标中的即时信息，如RSS新闻，当将RSS新闻置于主景位置时，在转盘上方会出现滚轴式的新闻条目，单击新闻条目可以进行查看，同时上下滑动新闻条目可以查看更多内容，如图6-50所示。

图6-49 "绚丽桌面"3D效果

图6-50 RSS新闻置于主景效果

这种滚轴式的信息显示方法不仅用在新闻条目上，同样也完美支持Android系统设置菜单的显示，对于没有信息内容的程序，该滚轴内容则不会显示。

6.4 字体也能玩美化

随着网络时代的到来，字体数量呈爆发式增长。从塞班时代开始，字体美化已经是系统美化必修课。相比塞班系统的字体美化只需要安装一个字体软件包而言，Android系统字体美化略微有些烦琐，若想完美美化字体，需要手动一步步来进行。

6.4.1 选定美化字体

对于Android系统来说，字体美化的基本方法是通过替换系统文件夹内的字体文件，使所有对外显示的文字内容的字体更换为更加美观的字体。

 不过Android平板电脑显示的字体和Office办公软件中的字体不是同一概念。Android平板电脑的字体美化只是为了显示出来更加好看。在新建文档和修改文档时，不会影响原字体的打印效果。

首先需要确认替换什么样的字体，通常使用Windows系统自带的微软雅黑、中华行楷等字体。作为针对中国用户的Windows中文版系统，系统自带的字体字库比较全，对于一些少见姓氏、繁体字也能做到较好的覆盖，不会出现无法识别显示的尴尬。

 对于个性字体的获取，可以去Android手机平板电脑的论坛美化专区寻找相关的帖子，其中会有字体美化爱好者提供的多种字体的预览和下载。此外，还可以通过字体网站来下载字体，例如"字体下载大宝库"（ http://font.knowsky.com/）和"找字网"（ http://www.zhaozi.cn/）等。下载字体时，也应尽量选取文件体积较大的字体，这样才能够拥有更加完整的字库。

例如，某Android平板电脑系统采用的默认字体是黑体，如图6-51所示，而准备美化的字体为"王汉宗中魏碑"，相比默认字体，魏碑显得更加厚重和沉稳。下载字体后，如果想预览下载字体的显示效果，可以在Windows XP系统下，双击打开TTF格式的文件，出现如图6-52所示的界面，在这

图6-51 系统默认字体

里可以选择安装这种新字体到系统字库，也可以在下方预览英文、数字、汉字和标点符号效果。

图6-52　"王汉宗中魏碑"预览

在确认将要替换的字体后，将字体文件重命名为"DroidSansFallback.ttf"，并将其复制到Android平板电脑的内存卡中以备使用。将字体文件重命名，是因为在将要进行的字体替换操作中，需要使用新的字体文件覆盖系统内的"DroidSansFallback.ttf"文件。

6.4.2　安装RE管理器

此外，除了必要的字体文件外，还需要确认一下Android平板电脑是否已经开启了ROOT权限。当确认Android平板电脑拥有ROOT权限后，这时可在软件市场下载"RE管理器"这款文件浏览器，并通过RE管理器直接在获得ROOT权限的Android平板电脑上进行操作。

 所谓ROOT权限，即Windows系统下的超级管理员用户权限，可以对系统文件进行修改，执行权限极高的操作。而基于Linux系统内核的Android系统获得超级管理员权限的方法又有所不同，所以想进行字体美化时，如果没有获得ROOT权限，就不能对系统文件夹内的字体文件进行提取，也就无法进行字体美化了。

6.4.3　Android平板电脑端操作

打开RE管理器，通过目录找到已经存储在Android平板电脑SD卡上的DroidSansFallback.ttf字体文件，如图6-53所示。长按DroidSansFallback.ttf文件，在出现的选项对话框中单击"复制"按钮，然后退回到系统根目录，找到system文件夹，单击"进入"按钮，再找到fonts文件夹，单击"打开"按钮，在fonts文件夹目录下单击RE管理器界面底端的"粘贴"按钮，确认覆盖，如图6-54所示。

图6-53　查找并复制字体文件

图6-54　粘贴字体文件

 至此操作还没有完成，需要进一步修改文件权限，以保证字体的正常应用，这一点与Windows系统下的系统文件替换不同。

DroidAansFallback.ttf 文件覆盖完成后，长按文件，在弹出的选项菜单中单击"权限"，将权限勾选成如图6-55所示的样式，即用户、用户组和其他的"读"权限一栏全选，"写"一栏只有用户勾选，其他保存未勾选状态。

图6-55　设置字体文件权限

 必须说明的是未正确勾选和忘记修改权限都可能造成系统故障，所以，美化字体具有一定的风险，建议覆盖DroidAansFallback.ttf文件之前先对该文件进行备份。

如图6-56所示，替换字体完成后，回到主界面的时候可以看到部分系统界面的字体已经替换了，还有一些程序和软件依然使用替换前的字体，这时需要重启Android平板电脑，以便所有程序都能使用新更新的字体。

图6-56　更换字体后效果

第 **7** 章

Android
平板电脑商务办公

与智能手机相比，Android平板电脑在屏幕尺寸上具有绝对优势，同时具备性能强劲的处理芯片，良好的功能扩展和更长的待机时间。而相对于传统的笔记本电脑，Android平板电脑在便携性上也具有更大优势，因此，Android平板电脑可以说是商务办公领域一个强有力的竞争对手。

7.1 Android平板电脑记事本

移动商务办公，从最简单的记事本开始。下面介绍一款功能十分强大的记事本软件，名为"Note Everything（万能记事本）"。在Note Everything中，用户可以通过文本、图片、语音三种便笺方式记录自己所需保存的信息，也可以再保存便笺之后，通过电子邮件和短信等方式将它发送到一个指定的目标中。

> **注意** 除此之外，Note Everything还支持用户从不同的路径导入和导出所需要的信息，支持加密，可以将记事完全备份到SD存储卡等。

7.1.1 新建记事

运行Note Everything，可以看到软件的主界面十分简洁，最上方右侧有三个按钮，分别是"新建记事"、"选择文件夹"和"搜索记事本"，如图7-1所示。

首先，单击"新建记事"弹出如图7-2所示的"新建记事"对话框。记事方式有很多种，用户可以根据自己的需要进行选择，此处选择"绘图记事"。

图7-1 "Note Everything"主界面

图7-2 "新建记事"对话框

> **注意** 首次打开Note Everything，软件会弹出两个说明界面介绍软件的一些特点，直接选择关闭即可进入主界面。

在主界面中，按机身物理"Menu"键，则会弹出软件设置菜单，其中"选择文件夹"、"新建记事"和"搜索"与主界面右上角3个按钮的功能一致，下面分别进行介绍。

如图7-3所示，在绘画记事界面最上方的右侧也有3个按钮，分别是"选择绘图颜色"、"橡皮擦"和"画笔粗细调节"。若单击"选择绘图颜色"按钮即会弹出如图7-4所示的对话框，单击环形上任一颜色，该颜色就会被选中，环形中间会显示被选中的颜色。

选择好颜色后，则会返回绘画记事界面，用户便可以绘制自己的绘图记事了。如图7-5所示，若需要修改，则单击"橡皮擦"按钮对绘制中的图像进行擦除。在绘画记事的过程中，如果需要调节画笔的粗细，还可以单击"画笔粗细调节"按钮，在弹出的"画笔大小"对话框中，向左或者向右调节画笔大小，然后单击"确定"按钮即可，如图7-6所示。

图7-3 "绘画记事"界面

图7-4 "选择颜色"对话框

图7-5 擦除修改绘画

在绘画记事界面，按机身物理"Menu"键，会出现很多菜单功能选项，其中包括颜色、画笔、画笔大小、清除以及全屏等功能，如图7-7所示。在此选择"更多"选项，在弹出的滚动菜单中，可以对当前绘图记事进行重命名、删除、放弃、发送记事和添加提醒等操作，如图7-8所示。

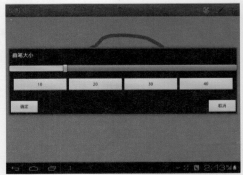

图7-6　"画笔大小"对话框

图7-7　绘图记事功能菜单

图7-8　"更多"选项菜单

如果选用的是其他记事方式，操作过程类似，用户可以参照上述基本操作自己摸索，此处不再赘述。

7.1.2 选择文件夹

返回Note Everything主界面，单击"选择文件夹"选项，弹出如图7-9所示的"选择文件夹"对话框，若是第一次进入，则会看到里面有三个默认的文件夹。

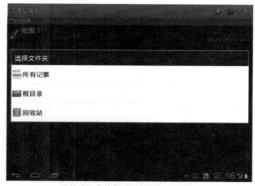

图7-9 "选择文件夹"对话框

若想创建一个新的文件夹，则可以在软件主界面调出功能选项菜单，选择其中的"选择文件夹"选项，如图7-10所示，在此界面也会看到刚才三个默认的文件夹，不过单击右上角的"+"按钮，则可以创建一个新的文件夹。

图7-10 "选择文件夹"选项界面

在如图7-11所示的界面中输入新文件夹的名称，即可创建新文件夹。若长按创建好的"测试"文件夹，则会弹出如图7-12所示的对话框，从中可以对文件夹进行编辑、删除、创建和创建快捷方式等操作。

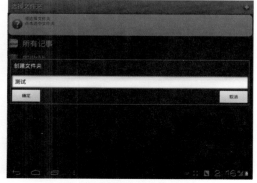

图7-11 "创建文件夹"对话框

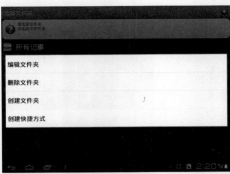

图7-12　编辑文件夹选项

 注意　　　若长按"根目录"文件夹，则弹出的选项菜单智能进行编辑和创建操作，但是不能删除，这是因为根目录是软件默认的文件夹。

7.1.3　搜索

在软件主界面单击"搜索"选项，进入如图7-13所示的界面，在其中输入要搜索的内容，单击"搜索"按钮，相应的信息便会出现在如图7-14所示的界面中。

图7-13　"搜索"界面

图7-14　搜索结果界面

7.1.4 备份与还原

在软件主界面调出功能选项菜单，单击"备份"选项，进入如图7-15所示的界面。在此界面中单击"自动备份"选项，进入如图7-16所示的界面，设置自动备份的频率时间，还可以禁用/使用自动备份。

图7-15 "备份/还原"界面

图7-16 自动备份设置界面

若单击"备份为ZIP文件"选项，系统会将记事备份为ZIP文件，完成后，状态栏会有通知，如图7-17所示。若单击"从ZIP文件还原"选项，则会弹出"恢复备份"对话框，如图7-18所示，在此可以选择已经备份过的文件进行还原。

图7-17 备份为ZIP文件

图7-18　"恢复备份"对话框

 注意

　　　　还原成功后，在系统状态栏同样会出现通知。当然，也可以删除掉一些过时的备份文件，以释放Android平板电脑中的可用空间。单击"删除备份数据库"选项，将弹出"删除备份数据库"对话框，从中选择需要删除的文件即可。

7.2　便签和计算器

　　便签和计算器也是商务办公中的小物件，而Android平板电脑就可以充当，随时随地为商务人士提供方便。

7.2.1　桌面便签

　　电子市场中的便签类软件有很多，而选择的关键在于适合自己。下面介绍两款使用效果颇为出色的便签软件。

小米便签

　　别看名字叫"小米"，但它却有十分强大的功能，不仅可以将便签分类管理，而且还支持手写模式、短信分享，甚至还可以将便签以邮件的形式发送给朋友，可谓无所不能，因此目前有比较高的市场占有率。

　　打开软件，若想新建一个全新的便签可以单击软件上方的"+"按钮，如图7-19所示。在弹出的如

图7-19　小米便签主界面

图7-20所示的界面中，输入所需的具体事项或是重要提醒，当用手指单击软件右上角的"彩色格子"时，系统会弹出颜色选择框，里面提供了五种不同的颜色可供选择。

图7-20　"新建便签"界面

　尤其当有大量记事时，采用不同的颜色记录不同类别的事件，对于提高办事效率有不可忽视的功效。同时，五彩便签也可以给桌面带些色彩。

在编辑便签时单击机身菜单键，可以调出更多的设置，如图7-21所示。单击"新建便签"按钮可以在自动保存当前便签的同时新生成一个便签，当有多个事件需要记录时，这样的设计可以极大提高效率；"提醒我"按钮可以为当前便签添加提醒，对于重要事件这点显得尤为重要；单击"字体大小"按钮可以控制文字的缩放程度；如果便签的内容已经不合时宜，可以单击"删除"按钮将其抛弃；而单击"进入清单模式"按钮可以使便签的每一行变成一个项目，对于商品采购类记事，更可以使各个物品的数量清晰明确。

图7-21　编辑便签设置选项

若单击"更多"按钮则会弹出如图7-22所示的界面，其中"添加到桌面"选项可以把当前的便签作为快捷方式发送

图7-22　"更多"选项

到Android平板电脑的桌面；而"分享"选项则可以让用户通过短信或者电子邮件的形式将当前便签中的内容发送出去，对于通知类的事件，可以很好地提醒相关人员，以便引起注意。

小米便签还允许用户直接创建桌面小部件，具体操作为：首先在所有应用程序界面选择"窗口小部件"选项卡，进入小部件选择菜单，从中可以看到有"小米便签2×2"和"小米便签4×4"两种规格的便签可供选择，如图7-23所示。根据具体情况选择其中一种即可进行创建，图7-24所示为桌面上的便签创建完成的效果。

图7-23 选择"窗口小部件"选项卡

图7-24 添加桌面便签效果

 如果此时还想对便签的内容进行修改等操作，可直接在便签上单击，这时会弹出便签编辑器，在其中进行修改即可，完成后单击"返回"按钮可返回小米便签的主界面，再次单击"返回"按钮即可回到Android平板电脑桌面。

随手写

这款产品支持手写便签桌面显示，效果类似于电脑显示器上贴的每日贴士，此外"随手写"还支持拍照记事和语音记事等功能，其提供的widget直读功能更能方便用户使用。首次使用时软件会自动下载帮助信息，稍等片刻即可进入如图7-25所示的界面。

图7-25 "随手写"主界面

单击软件左上角的"新建"按钮可以新建一张便签，此时可以进行全屏手写输入，文字将默认以单元格的形式依次进入便签，如图7-26所示。

图7-26 新建便签输入界面

在输入界面的上方和下方都提供了书写便签所需的功能，比如上方的撤销和重做等编辑功能，若想摆脱方格式的限制进行自由书写，还可以单击上方"经典手写"选项，在弹出的对话框中选择输入模式，如图7-27所示，比如选择"自由手写模式"，即可在屏幕上任意书写。

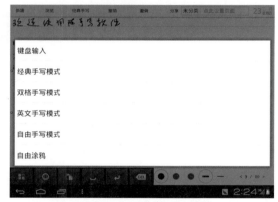

图7-27 手写方式选择对话框

而界面下方则是书写所需工具栏，比如回车和退格键，回车键用来重新提行，退格键则相当于橡皮工具，可以对书写错误的内容进行删除。本软件还支持多种颜色混合书写，如想改变画笔的颜色，可长按下方工具栏中的颜色按钮，在弹出的调色板中选择任意颜色作为画笔用色即可，如图7-28所示。

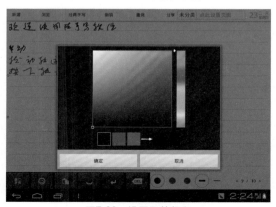

图7-28 设置画笔颜色

7.2.2　系统内置计算器

　　打开计算器程序可以看到，这个主界面设计非常正统，仿照的是传统计算器的外形设计，数字和符号的显示都非常大，即便是手指粗大的用户也能够轻松点选，可以很快上手，如图7-29所示。除了基本的加减乘除外，计算器还可以支持sin、cos、tan、log等一些更为复杂的数学运算，如图7-30所示。

图7-29　普通运算界面

图7-30　高级运算界面

7.3　日程安排小管家

　　对于移动商务办公，日常安排是最重要的一项功能。在Android平板电脑系统中，这类日历软件不但可以随时查阅自己的行程安排，还可以设置时间提醒，让商务人士不再因为忙碌而落下重要的事情。

7.3.1　Android系统自带日历

　　首先来看看Android系统自带的日历程序，在全部应用程序界面找到日历图标启动程序，进入程序主界面，如图7-31所示。软件采用白色背景，默认的日历界面为"按月"显示方式，以周日作为一周的第一天，黑色高亮部分提示当前的日期，用手指在页面中向上或者向下滑动可以翻动日历，切换不同的月份。

图7-31　"日历"主界面

如果想要改变时间显示方式，只需单击界面左上角的菜单选项，例如选择"周"，即可以星期为单位显示日历，如图7-32所示。此外，还可以尝试界面上的天、日程以及今天等功能。

图7-32　以星期为单位显示"日历"

若要新建一个事件，则在程序界面单击右上角的"新建活动"按钮，进入如图7-33所示的界面。直接输入事件的名称、起止事件、地点，并设置好事件描述、提醒事件方式以及事件重复频率等参数，单击"完成"返回日历主界面，日期上会出现提示任务标志，表明该日期添加了日程安排，如图7-34所示。

图7-33　"新建活动"界面

图7-34　日历"设置"界面

若首次添加活动，则需要添加一个日历账户，并显示一个日历，才能添加活动。按照软件提示添加一个账户即可。

直接单击含有任务标志的日期则可以查看该天发生的日程安排，如图7-35所示，左右滑动屏幕还可以查看该天之前及以后的日程安排。在日历主界面，按机身物理"Menu"键，则可以调出软件的设置功能菜单。单击"设置"按钮，进入日历设置界面，如图7-36所示。在此可以对日历的一些属性进行设置，比如默认提醒时间的设置，事件的通知铃声和提醒方式的选择等。

图7-35 "新建活动"界面

图7-36 日历"设置"界面

7.3.2 365日历软件

较Android系统自带的日历软件，365日历不仅支持万年历、农历（阴历）、中国传统节日和节气，可以进行黄历查询和黄道吉日查询，同时具备农历日程、农历生日提醒功能等，更加符合国人的使用习惯。软件主界面如图7-37所示，默认以当前日期为原点，显示向前三天和后三天的日程安排内容，同时天气预报等信息也被加载到对应日期下。

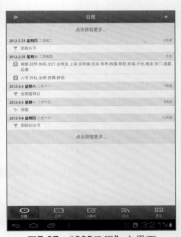

图7-37 "365日历"主界面

对于当前日期，软件不仅会显示代办事项，还将显示中国传统的黄历内容等，在日常生活中作为一些参考也未尝不可。软件上部和下部还分别有两栏"点击获取更多…"用来查看更多日程信息。

通过单击软件底部的选项卡，可以切换功能区，首先介绍"日历"功能，如图7-38所示。这里默认以月为单位显示，同平时见到的年历并没有太大区别。单击软件顶部工具栏中的左右箭头，可以实现相邻月份之间的切换。对于有日程安排的日期，软件还会以红色小三角的形式将该月予以标出，单击该日即可看到当天的具体日程。

图7-38　"日历"界面

当前显示月份并非本月时，软件会自动在向右箭头后增加"回本月"按钮，单击即可迅速返回当前月。如果想跨月查找也可以直接单击中部的"年月"，在弹出的对话框中可以指定想要查看的月份。

同样，软件还提供了"记事本"功能，单击软件底部工具栏的对应按钮即可进入如图7-39所示的界面。软件左侧默认分为生活和工作两大类，单击对应的选项可以进入查看相关分类的记录。同时，可以进入软件工具栏左侧的"分组管理"对软件中的分组进行新增或删除。

图7-39　"记事本"界面

如果想要新建一条记事，则可以单击软件右上角的"新建"按钮，在弹出的对话框中输入需要记录的文字，并选定好类别，单击"保存"按钮后一条记事就书写完成了，如图7-40所示。对于特别重要的记事还可以长按日程条目，在弹出的对话框中选择"添加到桌面快捷方式"，当前记事内容就会以快捷方式的形式发送到桌面，以起到特别提醒的作用。

图7-40 "新建记事"界面

注意

如果一次性录入大量内容，这时可以选择使用电脑编辑记事后，同步到Android平板电脑客户端，这样可以节省大量时间。

除了工作记事外，软件在"更多"选项卡中还提供了使用的功能和设置，如账户管理、桌面插件设置、提醒等多种软件控制功能，以及启动密码等隐私保护措施，如图7-41所示。

图7-41 "更多"界面

当使用一段时间后，很多商务人士都会记录下众多的事项，对于今后工作的开展有深刻意义，但如何更安全的保管这些数据显得尤为重要。为此，软件还提供了数据备份功能，在"更多"选项界面单击"备份和恢复"，进入如图7-42所示的界面，此时单击"备份数据到SD卡"软件将自动保存当前全部信息到Android平板电脑挂载的存储卡中。一旦数据丢失，就可以通过单

图7-42 "备份和恢复数据"界面

击"恢复数据到手机",将数据快速
还原。

365日历还提供多种实用小工具,
在"更多"选项界面单击"实用工
具",如图7-43所示,这里列出了软件
提供的一系列小工具。比如:"黄历"
对于上岁数的中国人来说是比较熟悉
的,可以给用户的日常起居提供参考;
"吉日"可以从中快速查找近期适合婚
嫁等喜事的操办日期;"天气"可以让
用户将天气与日程有机结合在一起,帮
助用户将日程安排得更加合理;在闲暇
时间看看名人名言也是件不错的事情,
"格言"功能就提供了这样的信息;
"搜索"同样十分重要,经过一段时间
的使用,记事的内容逐渐增多,搜索功
能可以帮助用户在众多记事本中快速定
位需要查询的那条信息。

图7-43 "实用工具"界面

注册和登录账号后,单击"多日
历"选项即可进入如图7-44所示的界
面。单击右侧的"刷新"按钮就可以实
现与服务器的同步工作。平时使用时,
也可以采用电脑端同步到Android平板
电脑的方法,提高使用效率。

图7-44 "多日历"界面

7.4 Android收发电子邮件

在本书第5章的5.1小节中,具体介绍了谷歌公司在Android 4.0系统中提供的网
页式"电子邮件"服务。其实,现在很多邮箱都发布了Android客户端,用户可以
安装在Android平板电脑上,使用非常方便。下面再为用户介绍一款好用的第三方
Android平板电脑邮箱客户端——网易掌上邮。

首先，在电子市场中下载网易掌上邮的手机客户端，它的特色功能包括：推送新邮件、新邮件第一时间自动送达、全文阅读、支持Pushmail、支持附件收发预览、拍照发送等，方便又实用。完成安装后运行程序，进入到软件登录界面，如图7-45所示。在此，输入自己的邮箱地址和密码，单击"登录"按钮，进入邮箱主界面，如图7-46所示。

图7-45　邮箱登录界面

图7-46　登录邮箱后的界面

单击"收件箱"进入如图7-47所示的界面，按机身物理"Menu"键，弹出功能选项菜单，其中有5个功能选项，即"全选"、"刷新"、"写邮件"、"返回主界面"以及"搜索邮件"。

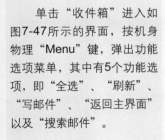

图7-47　"收件箱"界面

这些功能都比较简单，这里选择"全选"选项，则收件箱中所有的邮件都会被选定，出现如图7-48所示的界面。

图7-48 全选邮件

此时，可以对邮件进行删除、垃圾处理、标记以及移动操作。通过"标记"功能，可以将邮件标记为已读邮件或者未读邮件，如图7-49所示；"移动"则是改变邮件的位置，单击后弹出如图7-50所示的"移动到"对话框，可以将选中的邮件移动到已发送或者垃圾邮件等其他文件夹中。

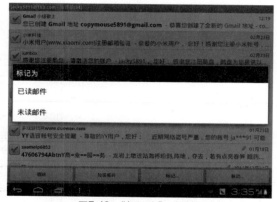

图7-49 "标记为"对话框

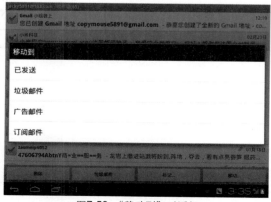

图7-50 "移动到"对话框

上述是对多封邮件的处理，下面介绍对单封邮件的操作。选择收件箱中任意一封邮件单击打开，如图7-51所示。可以看到，在此可以对该邮件进行回复、全部回复以及转发操作，和在电脑上使用的方法一样。按机身物理"Menu"键，则会调出程序功能选项菜单，如图7-52所示，有了这些功能，就可以很方便地在Android平板电脑端处理邮件了。

图7-51　邮件详细界面

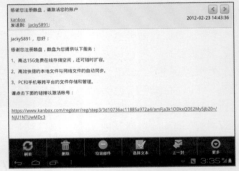

图7-52　软件功能选项菜单

7.5　Android掌上办公Office

7.5.1　金山移动办公

金山公司作为国内软件行业的龙头企业，以办公产品WPS起家，一直有着很高的知名度。随着Android手机和平板电脑办公的兴起，金山公司再度开发WPS系列软件——Kingsoft Office移动版（以下简称移动版WPS）。

初识移动版WPS

软件安装过程与其他程序无异，此处不再作过多说明。安装完成后单击相应图标即可进入移动版WPS的主界面，如图7-53所示。界面整体采用护眼的淡蓝色色彩方案，整体简洁大方，在初始状态下仅在最上方保留了工具栏，将更多空间留给文档显示，十分贴近电脑用户的使用习惯。

平时软件工具栏处于简洁模式，大部分都被隐藏，只留下简单的图标。单击最左侧的"WPS"字母就可以将整个工具栏一次性显示，如图7-54所示。右侧顶端还有五个功能区的图标，在原始状态单击这些图标同样可以展开工具栏，同时还会高亮显示对应的功能区，方便快速查看。

图7-53 "移动版WPS"主界面

图7-54 调出工具栏

 工具栏并不是简单的图标罗列，其分为五个功能区，最左侧的"所有文档"、"浏览目录"和"金山快盘"同属于"打开"功能区，依次还有"创建"、"共享"、"删除"和"互动"四个功能区，它们各司其职构成了移动版WPS的全部工具栏。

打开文档

首先介绍"所有文档"的功能。单击"所有文档"就会弹出如图7-55所示的"所有文档"选项卡，这里列出了移动版WPS可以搜寻到的全部文档。它们默认为按照位置进行分组排列，如果文件夹较多，可以通过手指上下滑动来查看所有文档。

图7-55 "所有文档"界面

要想快速定位某一文件夹可以单击工具栏上的"文件夹"图标，此时会弹出下拉列表，可滑动列表选择相应的文件夹，即可达到快速定位的目的，如图7-56所示。

图7-56　调出文件夹目录

如果只要要访问文档的文件格式，也可以通过单击"设置"按钮，改变是否选择"办公文档"、"文本文档"，然后进行刷新，经过这样的初步筛选，找到想要的文档就很容易了。

如果已经知道文件的确切位置，可以通过浏览目录来精确查找。在原始的工具栏中单击"打开"工具组中的"浏览目录"按钮，这里列出了四个常用位置的起始点，如图7-57所示。"我的文档"即移动版WPS默认的存储位置；"存储卡"则是在当前Android平板电脑的存储卡中寻找文件；与之相对应的"设备"则是在Android平板电脑机身内存中寻找相应的文件；最后"文件管理器"需要第三方软件支持，也可以达到上面几种方式相同的目的，用户可以根据具体情况选择不同的打开文件的方式。

多数时候，经常需要在电脑与Android平板电脑之间同步文件，这时申请一个"金山快盘"再好不过，有了它就可以把电脑中的文件自动同步到金山公司的服务器上。当需要使用Android平板电脑访问快盘中的文件时，可以单击工具栏中的"金山快盘"，如图7-58所示，

图7-57　"主目录"界面

图7-58　"金山快盘"界面

然后填入已注册的账号密码登录快盘，便可以远程访问快盘中的文件了。

文档的编辑

通过上述几种方法即可打开文档文件，如图7-59所示，打开文档后可以发现与电脑上查看文档的页面效果并无太大差别。

对于某些字体过小的文件可以使用"查看"工具组中的"缩放"更改显示比例。单击对应的按钮即可进入缩放界面，如图7-60所示。文档上部最显眼的位置即为"缩放比例"调节。轻轻拖动标尺的滑块，同时在下部的预览窗口中就可以看到当前文档的变化，感觉合适时松开手指即可。单击左上角的返回按钮即可再次返回编辑状态。

若想快速以页面大小为边界显示当前文档，最快捷的做法就是单击右上角的"适合页面"按钮，这样页面就会被正好地缩放到合适的位置。不过可能有些用户会感到此时页边留白不能充分利用显示空间，这时可单击"适合内容"按钮，当前文档就会以页边距为限缩放文档。

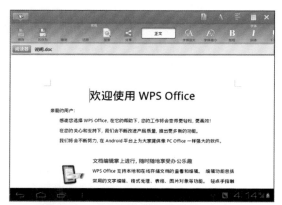

图7-59 打开文档界面

图7-60 "缩放"界面

对于某些文档来说，可能需要的仅仅是阅读，这时"全屏"模式就成了最佳选择，它可以有效利用Android平板电脑的屏幕，起到临时阅读软件的作用。一旦发现问题可以单击"返回"按钮，重新回到编辑状态进行修改。

除了正常输入文字外，长按文档中的某一位置还会出现如图7-61所示的选项条。单击最左侧的"选择"按钮可以快速选中两个标点之间的内容。中间的"全选"则可以将整篇文档全部选中，右侧还有输入法、键盘等内容，可以根据不同需要进行选择。

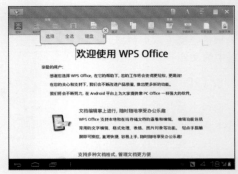

图7-61　调出文档选项条

比如单击其中的"选择"，这时文档中的"欢迎使用WPS Office"即被淡蓝色选中，如图7-62所示。用手指长按文字两侧的小圆圈并拖动可以更改文字的选择范围，在拖动时还可以看到局部文字的放大，便于更加精确地选择所需的文字。

图7-62　选择文档文字

 完成文字的选择后可以看到文字上方刚才的对话框也有所变化。选择最左侧的复制可将当前文字复制进剪贴板，中间是"剪切"功能键和尾部的"更多"选项。

快速排版是Office软件经常用到的功能，而这款移动版WPS也有自己的快速设置方法。以上面选中的文字为例，单击常用功能区中最后的选项框，可以看到软件弹出下拉列表框，如图7-63所示。从中可以看到用带格式的字体列出了多种样式，还有分级标题等各种常见文

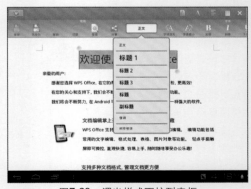

图7-63　调出样式下拉列表框

档部分的常见格式，单击需要
的样式即可。

若想缩小字号，可以选中
所要更改的文字，单击"字体缩
小"按钮即可，若想继续缩小则
连续单击按钮直到缩小到满意的
效果为止，如图7-64所示。

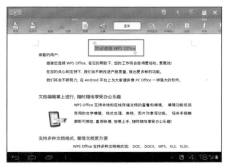

图7-64　缩小字体

　同样，若想增大部分文字的字号，可以单击字体中的"字体增大"
按钮。

在文件输入或编辑过程中
经常会遇到某些特别重要的内
容，一般采用加粗处理的方法使
其更加醒目。首先选中要加粗
处理的文字，然后在工具栏字
体功能区中单击"B加粗"按钮
即可，如图7-65所示。而对于已
经加粗的文字若进行同样的操作
可以撤销对文字的加粗处理。

图7-65　加粗字体

　进行斜体处理同加粗一样可以起到醒目警示的作用，在工具栏字体功能
区单击"斜体"按钮，这样不论是中文还是英文都将进行斜体处理。

移动版WPS还为用户提
供了多种下画线模式，首先还
是要对处理的文字部分进行选
择，然后在字体功能区中单击
"下画线"按钮，此时将弹出
下拉列表框，这里可以对所
需的下画线种类进行选择，
如图7-66所示。

图7-66　添加下画线效果

当然，还可以对文字进一步修饰，比如改变文字的颜色。选择想要修改颜色的文字后，在工具栏字体功能区中单击"字体颜色"按钮，在弹出的调色板中，共有9种常见色彩可供选择，单击其中任意一种即可更改选中文字的颜色，如图7-67所示。

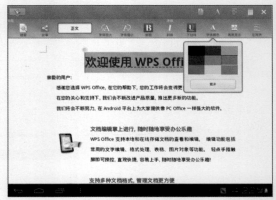

图7-67　更改字体颜色

　若感觉其中的颜色都不够理想，可以单击"更多"按钮，此时调色板将变成一个圆形的调色盘，用手指在圆盘上滑动即可在圆盘中心处看到当前选定的颜色，一旦确定颜色可以单击中间部分将文字替换为所选颜色。

除上述几种方法外，还可以采用类似的荧光笔对文字进行修饰，选择文字后单击字体选项组中的"高亮显示"按钮，如图7-68所示。同样将弹出一个颜色选择面板，从中选择相应色彩即可完成设置。若想取消已经进行高亮显示的文字，则只需在选中文字后单击"无"按钮即可。

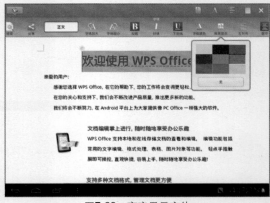

图7-68　高亮显示字体

　如果在执行文档编辑时出现失误也没有关系，这时可以单击工具栏左侧的"撤销"按钮，还原到上一步操作，还原功能则正好相反。如果想放弃整个更改也可以使用工具栏右侧的"×"关闭当前设置。一切调整完毕后，即可单击工具栏中的"完成"以将结果应用于文档中。

文档的打印和保存

编辑完文档后，要进行打印输出，页面设置是必不可少的，可以单击工具栏最右侧的"页面设置"按钮。如图7-69所示，在弹出的新的设置窗口中，首先可以单击工具栏右侧的"i"按钮选择合适的纸张类型。这里提供了包括各式信纸在内的各类标准纸型，单击需要使用的纸张类型，其后面的单选框就会被自动选中，此时再次单击"i"按钮即可完成操作，如图7-70所示。

纸张类型确定好以后，在界面中间位置可以看到一张虚拟白纸，边缘处标出了当前纸型的长宽数值。此时，调整页边距可以用手指拖曳对应的黑色边框直到满意为止。在拖曳的过程中上方会实时显示当前的页边距，这样对于文章的整体打印效果就可以有一个比较准确的把握。

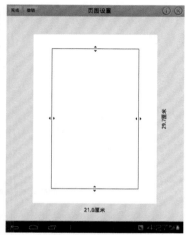

图7-69 "页面设置"界面

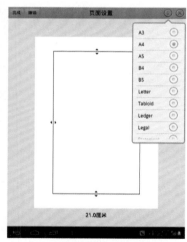

图7-70 选择纸张类型

至此，一篇文档的审阅修改工作就已经完成了。工具栏最右侧的"保存"按钮功能自然不用多说，注意更改后的保存内容会覆盖之前的源文件，请慎重使用。

如果打算将新文件作为副本存放，可以单击工具栏中的"另存为"按钮，此时将显示如图7-71所示的对话框。在此可以输入文件副本的名称，然后通过对话框后部的按钮改变文档的存储类型，这里金山公司提供了.doc和.txt两种保存类型。

同时，还可以单击对话框上的箭头选择合适的保存路径。如果要新建文件夹，则可以单击旁边相应的按钮。当选择好合适的位置，窗口下部的大部分区域会列出当前要保存的文件夹中已有的文档。确认无误即可单击左上角的"保存"按钮对当前文档进行另存为操作。

图7-71　"另存为"界面

 为防止误操作导致退出，单击工具栏右上角的"×"时会弹出是否保存的对话框。最左侧的"保存"可达到保存当前文件的目的；中间的"不保存"用于放弃保存当前文档并退出文件；右侧的"取消"则可以什么都不做的返回当前文档编辑状态，如图7-72所示。

图7-72　"保存"对话框

新建文档

在了解了如何使用移动版WPS修改文档后，下面介绍新建文档的操作。在工具栏中的"创建"功能区中单击"新建文档"按钮，即可进入模板选择窗口，如图7-73所示。这里可以选择创建类型，比如空白文档。单击对应图标后一个空白文档就建立完成了。

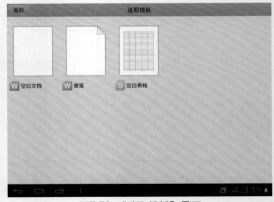

图7-73　"选取模板"界面

文件建立后，可以单击文档的空白区域，此时即可弹出如图7-74所示的虚拟键盘，这样就可以录入文字了。不过，对于需要长时间录入文字的文职人员，建议选择一款适合自己的外置键盘。

当全部文字输入完成后，可以单击"返回"按钮收起虚拟键盘，此时可以看到输入后的整体效果。如果有些地方不尽如人意，可按照上述介绍的文档修改方法进行修改。

图7-74　文档输入界面

查看其他格式文档

移动版WPS不仅可以查看扩展名为.doc和.txt的文本文档，还可以查看其他主流办公文件，比如.ppt格式等。图7-75所示为"康师傅广告创意书.ppt"的幻灯片文件，屏幕中间可以看到幻灯片的主体，如果文件显示不够完整，可以通过手指的拖动来对画面进行调整，画面左侧的预览图用于切换幻灯片。

以往在电脑和其他设备上观看幻灯片时，往往采用全屏模式，这样可以尽可能排除其他干扰，更利于演讲者进行演示说明。移动版WPS同样具有全屏显示功能，单击工具栏左上角的彩色字母"WPS"展开工具栏，再单击其中的"全屏"按钮即可以全屏方式浏览幻灯片，如图7-76所示。

图7-75　幻灯片显示界面

图7-76　全屏显示幻灯片

整体来说移动版WPS对.ppt文件具有较好的还原性，文档中的各个部件基本都能正常显示。浏览中也没有出现传统此类软件中常见的卡顿问题，可以说是一款不可多得的软件。唯一的遗憾是软件本身为限制试用版，有一定的使用期限，但到后期可以进行续费等操作。

移动版WPS同样支持.xls格式的电子表格，图7-77所示就是一个已经打开完成的电子表格文件，左上角的选项卡用于在各个工作表中进行切换。上方的"全屏"按钮同样用于在全屏模式下显示工作表格。由于金山暂不提供更多的修改选项，对.xls文件的使用就介绍到这里。

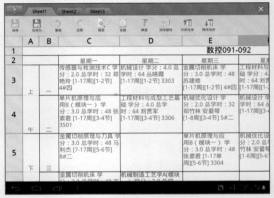

图7-77　EXCEL表格显示界面

为了方便快速地访问近期文档，移动版WPS会在起始页以缩略图的形式对最近打开的文档加以显示，用手指在上面滑动还可以看到更多打开过的文档，如图7-78所示。若想使用其中的某一篇，可单击对应图标打开相应文档进行编辑。当不需要显示近期文档时，可以单击删除工具组中的"清除记录"按钮来清除。

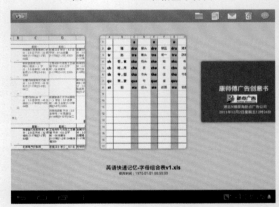

图7-78　近期文档缩略图

7.5.2　老牌移动办公名家DTG

DTG可以说是目前为止，Android系统上最完美的一款Office办公软件，它能够进行幻灯片的编辑、阅读以及PDF阅读功能，也能对Word文档和Excel表格进行阅读与编辑，支持对文档进行复制、粘贴、插入等各种编辑动作。

DTG的基本操作

　　单击菜单程序中的"Documents To Go"按钮，如果是第一次使用的话，将会出现一些使用说明和注册信息等提示，如图7-79所示。单击"下一步"按钮，软件完全启动后，将看到如图7-80所示的主界面。蓝灰色背景，衬托白色选项，软件整体简洁大方。每个选项下方都有对应该选项的简短介绍，让人一目了然。

图7-79　程序欢迎界面

图7-80　"DTG"主界面

 　　软件最大的特点在于其与谷歌账户紧密相连，可以使用谷歌提供的云存储服务在Android平板电脑与电脑之间同步数据，这点在软件的主界面上也有所体现。

　　首先是打开文件，在主界面中单击"最近文件"后，软件弹出如图7-81所示的"最近已使用"界面，自动将近期使用过的文档逐一列出。对于比较重要的文件还可以单击文件后面的"星号"，即可为文件进行加星标注，如果文件较多还可以通过手指上下滑动进行查看。单击需要修改查看的文件条目，稍等片刻，即可完成打开。

图7-81　"最近已使用"界面

在主界面单击"有星号的文件"则可快速访问加星的文件，具体操作与访问"最近打开"类似。

配合界面上方的工具栏，还可以实现新建、删除文档等功能。单击工具栏中第二个"+（新建文档）"按钮，将进入如图7-82所示的界面，可以根据自己的需要建立相应的Word、Excel以及PowerPoint文档。

图7-82 "新建文件"对话框

单击工具栏中的第一个"选择框"按钮，则会在界面左侧出现多选框，这样可以方便用户对多个文档进行操作。

如果要进行文档的删除操作，则首先单击"选择框"按钮，选中所要删除的一个文档或者多个文档前方的复选框，完成后再单击"删除"按钮，在弹出如图7-83所示的"删除文件"对话框中，若单击"从列表中移除"则只将文件从列表中删除，而不会影响文件本身；若确实需要删除文件，则单击"删除文件"即可。

图7-83 "删除文件"对话框

如果想查看文件的位置、类型、修改时间等详细信息，可以在选中当前文档的前提下，单击工具栏中的"i（文件属性）"按钮查看文档的属性。在弹出的对话框中，文档的详细信息将以列表的方式呈现，如图7-84所示。

图7-84 "文件属性"对话框

这里需要说明的时，对于文件信息的查询只能逐一进行，不能进行批量处理。

　　DTG还可以实现将文件直接以电子邮件的形式发送，在设置好电子邮件相关信息的前提下选中要作为附件的文件，单击"信封（发送）"图标，在弹出如图7-85所示的对话框中，可以根据需要选择不同的方式发送文件。

图7-85 "正在发送"对话框

　　软件使用久了就会产生很多文件，而如何快速定位所需的文件，就要靠分类和过滤来帮忙了。对文件进行分类可以直接单击"A-Z"图标，在弹出的"分类方式"对话框中，可以选择文件的查看方式是升序还是降序，同时还可以选择分类的依据是什么，如图7-86所示。

图7-86 "分类方式"对话框

单击工具栏中的"过滤"按钮，在弹出的对话框中可以选择查看文件的类型，这里列出了常见的文件格式，任意选取其中一种即可完成文件的初步过滤。

　　软件主界面第三项为"本地文件"，功能类似于文件管理器，单击进入会发现与Windows系统的文件夹操作无异。这种文件访问方式比较适合已经知道存储位置的文件。当然，DTG还可以直接访问保存在谷歌的云存储文件，开通相关服务后，单击"Google Docs"弹出如图7-87所示的对话框，此时

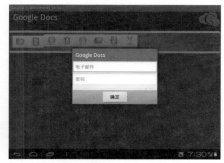

图7-87 "Google Docs"对话框

需要输入正确的电子邮件地址和对应的密码进行登录，登录成功后即可查看处于服务器上的文件。

"桌面文件"可以使使用者轻松同步Windows与DTG之间的文档，如图7-88所示，不过在使用前还需安装相应控件。如果是第一次使用，需单击"电子邮件链接"，此时可以通过电子邮件向指定邮箱发送一封带有电脑端控件下载地址链接的邮件，据此可以下载并安装相应控件，之后根据软件提示完成配对即可实现DTG与电脑之间的文件同步。

图7-88 "同步桌面文件"对话框

使用DTG新建文档

前面在介绍"最近文件"使用方法时，提到了新文件的创建方法，其实在软件主界面单击左下部的"+"按钮，也可以实现这一功能，在弹出的"新建文件"对话框中，以选择"MS Excel"为例，创建新的Excel文档，如图7-89所示。单击选中需要输入文字的单元格后，可以在软件上方对应的工具栏中录入数值。

图7-89 新建Excel文档

若长按某一单元格，将弹出如图7-90所示的对话框。"切换键盘输入法"可以实现在多种输入法软件中进行切换；单击"选择模式"后，在目标单元格上拖动手指可以一次选取多个单元格；单击"缩放"后可以在弹出的对话框中对整个表格的显示比例进行修改。

图7-90 单元格编辑对话框

"剪切"、"复制"可完成对单元格数据的复制等功能；单击"编辑单元格"时，光标将自动跳转到软件上部对应的工具栏，此时即可在此完成数据修改等工作。

 若想退出"选择模式"可以在完成选择后单击右下角铅笔状图标。最后两项"格式化单元格"与"格式化数字"功能相通，都可以对单元格的属性进行修改，单击后会各自弹出对话框，其中可以对单元格中的数字或者文本类型进行修改。

在文件处理过程中，若需要对数据列的宽度进行调整，需先单击所需调整对应列的字母，以将整列选定，然后长按选中的列，在弹出的列表中选择"列宽"选项。如图7-91所示，此时软件会把该列右侧的边线加粗显示，用手指拖动到合适的宽度，完成后单击屏幕右下方的"√"按钮进行确认，否则单击"×"按钮放弃本次修改。

图7-91 调整数据列列宽

当对文档作出修改后，单击返回系统会提示"已作出更改！"。单击"保存"按钮，若是第一次保存将弹出"保存文件"对话框，如图7-92所示。在文件名处指定文档名称，继续单击"保存"按钮即可完成该文件的存档工作。

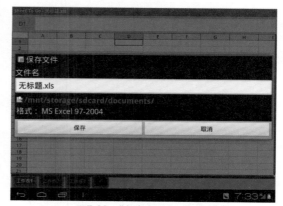

图7-92 "保存文件"对话框

读书笔记

第 **8** 章

Android

平板电脑网络生活

Android作为智能系统平台，能最大限度地利用移动3G网络和无线Wi-Fi，让用户体验到丰富多彩的在线生活。在前面章节介绍了Android平板电脑连接网络的方法，本章将介绍如何使用Android平板电脑开启网络新生活。

8.1 浏览器探秘

由于Android系统自带的浏览器设置比较复杂，这里推荐使用UCWeb浏览器。

8.1.1 UCWeb浏览器登场

UCWeb浏览器是UC优视基于手机、平板电脑等移动终端平台而研发的一款WEB（WWW）、WAP网页浏览软件，其稳定、高速、省流量。软件有非常不错的使用体验和漂亮的页面设计，内置UC独有的RSS、邮箱、微博、书签、下载等管理功能。此外，阅读模式、讲坛模式、换肤、视频媒体播放等功能为用户提供贴身细致的上网体验。

> 注意　UC浏览器V8版是UC浏览器的新版本，功能更为强劲，开启与关闭的速度提升55%，打开网页速度提升38%，网络连接更加稳定。更值得一提的是，UC浏览器V8版支持视频在线播放，广大用户可以根据自己的喜好观看视频。

运行程序后，进入简单明快的主界面，如图8-1所示。界面顶端是网址输入栏和搜索栏，下面是用户自定义的"网页快速启动"按钮，再下面就是分类清晰明了的常用网址分类，底部为各种不同的操作按钮，可以很快上手。

新版UCWeb浏览器的另一新颖功能就是能通过在页面处左右滑动屏幕，来完成功能切换。在主界面左右滑动可以直接进入"应用中心"和"UC乐园"界面，如图8-2所示，单击即可进行访问。

图8-1　UCWeb主界面

图8-2　登录"我的乐园"

> 注意　而在"浏览页面"左右滑动，则可以直接完成"后退"和"预览下一页"功能。

在浏览器主界面按机身物理"Menu"键，UCWeb浏览器的三大菜单选项功能一目了然，包括"常用"、"设置"和"工具"，如图8-3所示。用户可以根据自己的操作习惯进行更改和操作。

图8-3　UCWeb功能菜单选项

8.1.2　UCWeb的使用

下面以查看"维基百科"网站为例，介绍UCWeb浏览器的使用。首先，在软件主界面单击"搜索"文本框，并在弹出的网址输入栏中输入关键字"维基百科"，如图8-4所示。

单击左上角的"搜索引擎"图标，在弹出的下拉菜单中可以切换到其他搜索引擎，如图8-5所示。然后单击"搜索"，Android平板电脑会列出找到的所有词条，单击选择需要的链接就可以访问了，如图8-6所示。

图8-4　"搜索"界面

图8-5　选择搜索引擎下拉菜单

图8-6　"搜索"结果显示

冰激凌三明治的诱惑
玩转 Android平板电脑

注意 　　在软件主界面的"输入网址"框填写网址（比如输入：www.sina.com.cn），单击"进入"按钮，则可以直接查看该网站。

　　进入"维基百科"手机网站的首页，如图8-7所示，用手指在屏幕上下滑动可以浏览页面，单击其中链接还可以进一步访问。网页浏览界面的下方菜单是操作按钮，比如单击其中的"查看窗口"按钮，将显示当前打开的页面，单击右侧的小叉可以关闭该网页，而单击"新建窗口"按钮则可以新建一个窗口，从而访问其他网页，如图8-8所示。

图8-7　网页浏览界面

图8-8　"查看窗口"对话框

　　若按机身物理"Menu"键或者单击界面下方的菜单键，则可以打开浏览器菜单，进行添加书签、刷新网页、启动全屏模式以及下载管理等操作，同时还可以进行个性设置，或者使用UCWeb浏览器的自带工具，如图8-9所示。

　　若要收藏这个网页以方便下次浏览，则在弹出的选项菜单中选择"加入书签"选项，从中选择想要添加到的位置，同时还可以对其名称进行修改，如图8-10所示。最后单击"确定"按钮返回主界面，"维基百科"图标就被添加到导航栏中了。

图8-9　浏览器功能选项菜单

图8-10　"加入书签"对话框

8.1.3 下载网页中的文件

下面以下载图片为例介绍下载网页中文件的步骤。搜索图片信息，在文本框中输入"森林"，选择"图片"选项卡后单击"确定"按钮，如图8-11所示。在搜索结果中长按想要保存的图片，直至弹出"选项菜单"，选择"目标另存为"选项，并输入文件名，单击"确定"按钮保存图片，系统会提示用户图片的保存位置，如图8-12所示。

图8-11　搜索图片

图8-12　下载图片

8.2　网络社交

8.2.1　人人网

人人网（www.renren.com）前身为校内网，可以说是中国最大的实名制SNS网络平台，它通过每个人真实的人际关系，满足各类用户对社交、资讯、娱乐等多方面的沟通需求。人人网Android是支持在Android平板电脑上运行的一款人人网客户端，这款软件以全新的界面，流畅、简单的操作流程，整合人人网核心的新鲜事、状态、相册、日志等多项功能，让用户随时随地与好友自由沟通。

人人网Android作为当前的最新版本，新增了更丰富的可更换背景桌面，大屏浏览视频等功能，是广大网上交友爱好者的不错选择。

下载安装后启动程序，需要登录才能进入如图8-13所示的主界面，界面中有八大选项，分别为个人主页、新鲜事、好友、应用、位置、相册、搜索和聊天，下面就主要功能进行介绍。

图8-13 "人人网"主界面

 人人网的注册和登录步骤非常简单，此处不再赘述。

例如，单击"个人主页"进入如图8-14所示的界面，底部菜单可以选择分类，如新鲜事、状态、日志等。单击"新鲜事"可以显示好友最近的更新状态，发表日志、上传照片等。单击某用户头像则可以访问该用户主页；单击新鲜事后的加号，将会弹出更多操作按钮；单击"新鲜事"中任一篇日志，可以查看日志内容并进行评论。

图8-14 "个人主页"界面

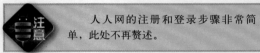 在主界面中单击"位置"选项，可以将每个好友的行踪显示在列表中，便于随时跟踪调查。

8.2.2 我是微博控

曾在iPhone上深受欢迎的新浪微博客户端Weico已经正式登录Android平台，作为新浪微博Android客户端版，直接使用新浪通行证账号和密码就能登录，并享受与网页版同等的内容与服务。其程序初始化界面如图8-15所示。

 微博从诞生之初就展现出强大的传播特性，平板电脑微博不但延续了电脑及时、迅速的传播特点，而且移动客户端让达人们能够随时随地都登录微博，轻松分享自己的实时状态，并密切关注好友信息。而目前使用最广泛的微博就是新浪。

基于Android平台的新浪微博客户端，集阅读、发布、评论、转发、私信、关注等主要功能于一体，本地相机即拍即传，可以随时随地同朋友分享身边的新鲜事。

运行程序会出现一些关于该软件的信息，如图8-15所示。若是第一次使用，将进入登录界面，如果已经注册过，则直接输入登录名和密码进行登录，如图8-16所示。

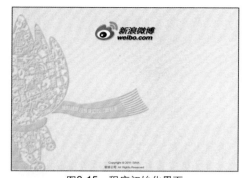

图8-15　程序初始化界面

图8-16　"新浪微博"登录界面

　程序初始化的加载界面会随主题不同而发生变化。例如，春节时，该背景图片是贺岁的场景。

如果没有新浪微博的账号也没有关系，可以到微博广场里面去逛一逛，看看大家都有什么新的消息状态。微博广场分为"随便看看"、"名人堂"和"热门转发"3个版块，直接单击即可进入相应的版块查看资讯，如图8-17和图8-18所示。

图8-17　"随便看看"界面

登录后，进入"我的微博"界面。首页显示了根据时间排列的自己所关注人的微博最新消息列表，单击界面右上方的"刷新"按钮，显示最近更新内容，如图8-19所示。

界面左上角为"新建"按钮，单击可以更新我的微博。界面底部显示的是新浪微博的菜单栏，包括我的资料、信息、广场等内容。比如，单击底部菜单中的"我的资料"按钮，界面将显示个人昵称、关注数量、微博数量、粉丝数量和话题数量等，单击界面上方的"编辑"按钮，可以更改昵称，如图8-20所示。

图8-18 "名人室"界面

图8-19 微博首页

图8-20 "我的资料"界面

此外，单击底部菜单中的"信息"按钮，可以显示其他用户对自己的评价，发送的私信或者"@我"的内容。

单击"新建"按钮，直接输入我的新微博内容即可，最多可以容纳140个文字。新浪微博还有一个独特的签到功能，就是无论你身处何地，只要有无线网络就能通过定位找到自己的地理坐标。然后，在写新微博的时候单击签到图标，即可在新微薄中加入自己的实时坐标信息，让好友们随时知道自己的位置，如图8-21所示。

图8-21 微博首页

而要对微博进行设置管理，只需单击底部选项栏中的"更多"选项进入相应的程序管理菜单界面，如图8-22所示，就可以根据需要进行设置。

图8-22 "我的资料"界面

8.3 网上聊天工具

8.3.1 MSN

Windows Live Messenger是微软旗下MSN公司推出的主力产品，全球用户数量已经达到2.6亿多，并且每天都有数亿用户活跃在上面。MSN客户端，是MSN中国官方推出的支持Android平板电脑的版本，只要有网络就能够实现与PC Messenger互联。

通过它，可以随时随地与在电脑上登录和用手机、平板电脑登录的MSN好友聊天，发送文字、图片和表情，方便实用。以Android操作系统为平台，还提供了必应导航、交友两个频道，并新增"收、发脱机消息"功能，操作更加简单、流畅，界面简单、流畅，可满足各类用户对社交、资讯、娱乐、聊天等多方面的沟通需求。

单击程序图标启动MSN，输入账号和密码后单击"登录"按钮，如图8-23所示。出现联系人分类和列表，单击分类名称可展开联系人列表，如图8-24所示，单击"其他联系人"后显示的联系人。

图8-23 MSN登录界面

图8-24 MSN主界面

从中单击任一联系人名称，即可打开聊天对话框，如图8-25所示。在聊天对话框输入内容，单击"发送"按钮就可以开始聊天。

图8-25 聊天对话框

 若在聊天过程中按"返回"键，即可返回到联系人界面，用手指在屏幕上左右滑动，可以查看会话列表及访问MSN主页。

在主界面底部单击"MSN"选项，也可以进入MSN手机门户，如图8-26所示。门户频道包括新闻、体育、书城等，各类信息应有尽有。

图8-26　MSN手机门户界面

　　若在联系人界面按"Menu"键，则可以进入设置菜单，可以在这里对MSN进行设置，此处不再赘述。

8.3.2　QQ

QQ对大家来说肯定都不陌生，而QQ for Pad则是腾讯专门推出的平板电脑上运行的QQ软件。软件通过桌面形式可同时展现多个应用，包括：即时聊天、微博、空间、邮箱、新闻、音乐等，并支持添加系统以及用户自定义Widgets的功能。

安装程序后运行的界面，如图8-27所示，单击"登录"按钮并输入账号和密码后，界面出现联系人列表，如图8-28所示。

图8-27　QQ登录界面

图8-28　联系人列表界面

长按某一用户名，松开手指后，将打开聊天窗口，如图8-29所示。输入聊天内容，单击"发送"按钮，就可以开始与好友尽情聊天了。

在QQ联系人界面按"Menu"键，可以打开QQ的设置菜单。选择其中的"系统设置"进入如图8-30所示的界面，在此可以设置所有消息的提示方式，也可以对其他登录选项等进行管理。

QQ程序界面分为7个栏目，若用手指左右滑动联系人界面，将会出现QQ新闻、QQ游戏、QQ空间、QQ音乐和腾讯微博界面，而单击某个选项，即可进入相应的界面，如图8-31和图8-32所示。

图8-29　QQ聊天界面

图8-30　"系统设置"界面

图8-31　"QQ新闻"界面

图8-32　"QQ邮箱"界面

8.3.3　飞信

　　飞信是中国移动为用户提供的一个网络即时交流软件，通过飞信可以如同QQ聊天般与好友聊天，也可以群发免费短信和彩信，深受用户喜爱。飞信发布Android系统平台客户端，可运行环境定为Android 1.5及以上版本。

 　　当有网络可以接入时，用飞信给好友发短信不需要支付任何费用。如果对方也使用飞信的话，其实效果和QQ是一样的，只不过若对方不在线，系统可以将信息以短信的方式发送到联系人的手机上。

　　在程序界面中找到飞信图标，单击进入登录界面，如图8-33所示。输入手机账号和密码，单击"登录"按钮即可进入飞信界面，如图8-34所示。与QQ类似，飞信界面中也以列表方式显示所有添加过的好友。

图8-33　"飞信"登录界面

图8-34　"飞信"主界面

　　直接在想要联系的好友上单击，即可进入聊天窗口，如图8-35所示。在飞信界面按机身物理"Menu"键，将调出飞信的功能选项菜单，其中包含"好友管理"、"我的状态"以及

图8-35　"飞信"聊天界面

"查找好友"等功能选项，如图8-36所示。

图8-36 "飞信"功能选项菜单

 当想要发起聊天的对象不在已添加的列表中时，可以单击页面右上方的"添加好友"按钮，查找好友发起聊天会话。

8.4 新闻早知道

看新闻是大多数人生活中的一部分，而且目前可从RSS阅读器及时获取新闻，那么什么是RSS？RSS（Really Simple Syndication）又叫聚合RSS（或叫聚合内存），是在线共享内容的一种简易方式。一般来说，时效性比较强的网站使用RSS订阅能快速获取最新更新信息。

 网络用户可以在客户端借助于支持RSS的聚合工作软件（例如：SharpReader、NewzCrawler），在不打开网站内容页面的情况下阅读支持RSS输出的网站内容。简单来说，RSS就是一种简单的信息发布和传递方式，使得一个网站可以方便地调用其他能够提供RSS订阅服务的网站内容，从而形成"新闻聚合"，让网站内容在更大的范围内传播。

目前在PC上比较流行的RSS阅读器有RssReader和FeedDemon两种，而在采用Android系统的平板电脑里面，通常选择大牛新闻软件和pulse News Reader。

8.4.1 大牛新闻软件

这是国内作者成功本地化Nubinews所出的一款RSS客户端，它可以阅读很多知名网站、论坛，例如：新浪网、搜狐网、网易、千龙网、财经网、汽车之家、中关村在线、瘾科技，以及著名Yahoo、BBC、CNN等国外网站，这些网站的咨询量足以满足人们的新闻阅读需求。

安装完软件以后，单击"大牛新闻"图标。进入软件主界面，如图8-37所示。软件样式简洁，内容清晰，界面上方的全部、中、简、繁、英、日可以根据使用者的爱好自行分类，底部工具栏可以前进、后退、刷新、收藏等。在主界面中单击"选择新闻网站"，可以添加自己喜爱的RSS网站，如图8-38所示。

图8-37 "大牛新闻"主界面

图8-38 "选择新闻网站"界面

在感兴趣的网站后勾选，软件就可以自动将其保存到软件首页了，如图8-39所示，单击即可查看相应网站。例如，单击"新浪网"，出现在眼前的同样是整齐的各类新闻排序，看来这就是"大牛"有条不紊的耕田风格吧，如图8-40所示。

图8-39 "大牛新闻"主界面

图8-40　新闻列表界面

单击新闻，进入如图8-41 所示的界面，即可浏览该新闻。单击新闻中的图片，可以放大查看，如图8-42所示。

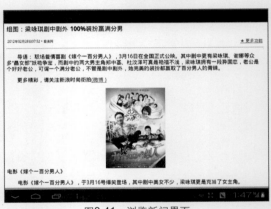

图8-41　浏览新闻界面

图8-42　查看图片界面

除了可以浏览各网站新闻资讯外，大牛新闻软件还可以将提供RSS服务的网站（非软件自带）添加到"我的RSS频道"。比如，可以将好友的Blog添加进来，一旦好友的Blog更新，便可以在这里浏览到。在程序主界面中单击"我的RSS频道"，进入如图8-43所示的界面。单击"Add my own"，弹出一个小窗口，要求用户输入Feed URL，即RSS地址，如图8-44所示。输入RSS地址后，单击"OK"按钮就可以保存RSS地址。

图8-43　浏览新闻界面

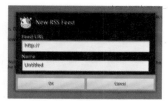

图8-44　查看图片界面

若单击如图8-43所示界面中的"Google News"，则可以查看Google发布的新闻。

8.4.2　pulse News Reader

pulse News Reader（新闻订阅器）是一款Andriod平台时尚的新闻订阅应用程序，使用pulse可以随心所欲地订阅奇闻趣事、新闻博客等，在查看订阅内容的同时还可以随时通过软件内置功能进行分享。

初次使用软件的时候，因为没有添加过RSS来源地址，所以主页是空白的，没有新闻资讯的显示内容。单击屏幕中间的"+"号，进入地址添加界面，如图8-45所示。

图8-45　"pulse"主界面

添加界面分为"专题"、"浏览"、"搜索"、"阅读器"和"碰撞"5个选项栏，通常选择"搜索"，然后在搜索框中输入想要查找的来源内容，当搜索到需要的地址条目时，在条目后面单击"+"按钮添加即可，如图8-46所示。

图8-46 "搜索"界面

添加完地址后，返回主页便能看到各个来源显示的RSS消息，它们依次出现在列表中，如图8-47所示。上下滑动屏幕可以查看所有的消息源，而左右滑动则可以查看该源的所有信息。直接单击，则可以查看信息的详细内容，如图8-48所示。

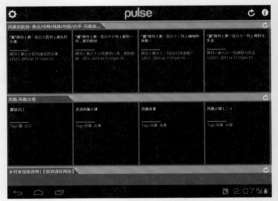

图8-47 新闻列表界面

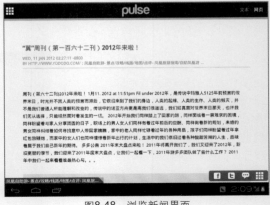

图8-48 浏览新闻界面

在新闻阅读界面，按机身物理"Menu"键可调出新闻菜单，如图8-49所示。可以将该条新闻标记为未读，也可以通过邮件将新闻转发给好友，或在浏览器中打开原始网页地址。如果想删除某条添加的消息来源或排列顺序的话，可在如图8-47所示的界面单击屏幕左上角齿轮状的设置按钮，即可进入管理界面，如图8-50所示。

图8-49　新闻功能选项菜单

平板电脑浏览器毕竟无法离线阅读，而RSS阅读器正好弥补了这个空缺。在Wi-Fi环境下预先把源内容下载好，在地铁等信号不好的地方便可以发挥它的最大优势。既满足了用户对最新资讯的需求，同时也可以减少不必要的流量支出，这一点对于没有2G/3G的移动设备来说更为受益。

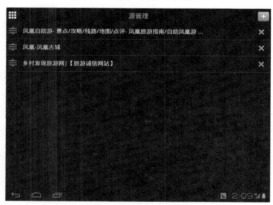

图8-50　新闻源管理界面

　倘若是要修改字体大小，更新模式等显示信息的话，则按机身物理"Menu"键调出pulse功能选项菜单，然后单击"设置"选项即可。

　当然，RSS阅读器也有其先天不足之处，例如，始终未加入评论元素，用户只能看不能说的遗憾仍然急需解决。同时，也希望未来的RSS阅读器能更加"中国化"，让更多人参与进来，感受RSS阅读带来的便利。

第 **9** 章

Android
平板电脑轻松娱乐

繁忙的工作之余，大家是怎么消遣休闲时间的呢？读读书、听听音乐、玩玩游戏或者看看电影都是很不错的放松方式。Android平板电脑在这几个方面都提供了强大的支持功能。

9.1　掌上阅读

首先，介绍如何利用Android平板电脑进行掌上阅读，方法其实很简单，安装一款第三方的掌上阅读软件，即可实现随时随地看书阅读。

9.1.1　iReader阅读软件

这款读书软件不仅可以支持CHM、UMD、TXT、HTML等文件，而且还支持界面背景颜色、图片、字体等个性设置以及文档编码的自动识别，可以说功能非常强大。如图9-1所示，进入程序主界面，最近阅读过的图书会以图表的方式显示在这里。

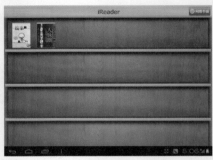

图9-1　"iReader"主界面

按机身物理"Menu"键，在弹出的功能选项菜单中单击"打开"选项，如图9-2所示。然后，按图索骥，寻找SD卡中保存的电子书文件。

图9-2　软件功能选项菜单

如图9-3所示，单击"sdcard"，进入该目录后选择电子书单击打开即可。图9-4显示了iReader阅读软件打开TXT文档的效果。

图9-3　打开电子书

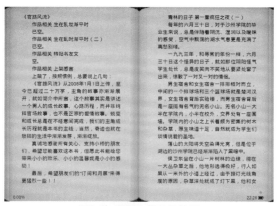

图9-4　TXT文档显示效果

 有些文档采用了不同的编码，所以在打开文档的时候可能会出现乱码的情形，这时只要在图书阅读界面按机身物理"Menu"键，依次选择"更多"→"文本编码"就可以设置相应的编码了。可在弹出的对话框中尝试不同的编码，如图9-5所示。然而一般情况下推荐设置成"Auto-Detect"自动检测模式。

图9-5　"选择编码"对话框

iReader阅读软件还可以设置书签，在浏览电子书的界面中，按机身物理"Menu"键，将出现如图9-6所示的界面，在界面中单击右上角"添加书签"选项即可定义自己的书签。

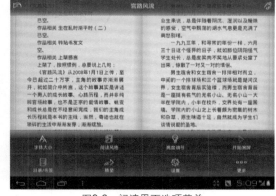

图9-6　阅读界面选项菜单

另外，在软件功能选项菜单中选择"排列"选项，可以对最近浏览的图书列表进行排序。图9-7所示将会有两种排列方式供用户选择。而单击"设置"选项还可以对iReader阅读软件进行个性化定制，如图9-8所示，方法非常简单，这里就不再逐一列举了。

图9-7 "排列"对话框

图9-8 阅读界面选项菜单

 这款软件还支持书籍在线阅读功能。在软件主界面单击右上角的"网络书城"按钮，即可进入网络书库在线遨游书海了。

9.1.2 RepligoPDF阅读器

下面介绍一款阅读PDF格式电子书的软件——RepligoPDF 阅读器。这款软件属于"务实派"，没有太多华而不实的功能，而且操作和使用非常简单。

运行软件后，可以看到主界面简洁明了，想要查看什么文档，直接单击"全部文档"选项卡，如图9-9所示。在界面下方的文件列

图9-9 "全部文档"选项卡

表中找到存放电子书的文件夹，这里是存放在SD卡下面的iReader/books文件夹下，如图9-10所示。

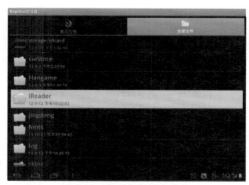

图9-10　找到存放的文件夹

然后单击文档即可打开，如图9-11所示。文档默认的显示方式是页面缩略视图，如图9-12所示，很明显这么小的字是无法阅读的。这时可以选择RepligoPDF阅读器最实用的功能——阅读视图。

图9-11　选择电子书

图9-12　页面缩略图视图

如果文档体积较大的话，那么打开的速度可能较慢，所以需要耐心等待。

在界面中单击，在出现的工具栏中单击左上角的"阅读视图"按钮即可，这时文档会自动重新排版，以适应屏幕的显示方式，如图9-13所示。

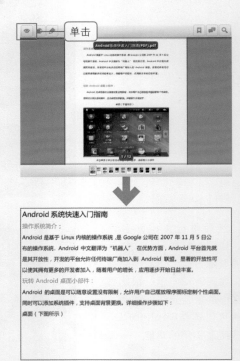

图9-13　打开"阅读视图"重新排版电子书

如果觉得这篇文章值得分享，还可以按机身物理"Menu"键，在弹出的功能选项菜单中单击"发送"按钮，以Email的方式发送给朋友们，如图9-14所示。另外，菜单中的"更多"→"跳转到页面"功能是为了方便不同页之间的调转，如图9-15所示。

图9-14　功能选项菜单

图9-15　"跳转到页面"对话框

9.1.3　掌上书院

掌上书院提供了丰富的阅读资源和各种贴心的在线服务，用户可以根据自己的喜好查找想要的书，浏览最新的推荐，还可以设置个人信息，参与书院各类在线活动，让阅读乐趣无穷。

9.2　聆听音乐

多米音乐是专为Android操作系统设计的，集本地音乐播放、在线音乐播放、高质量音乐下载于一身的高级音乐客户端。它不仅支持多种音乐格式播放，还具备完美的播放音质、华丽的界面、简洁的操作、个性化的元素，让用户无论是在家中还是户外，都能有好的音乐自然来的感觉。同时，它还具备音乐云同步功能，能将手机多米音乐上的歌曲与Web多米和PC端多米音乐同步，随时随地收听这些歌曲。

运行软件后的界面如图9-16所示，可以从中选择查看最新歌曲、排行榜和音乐搜索等。这里选择"歌单"，如图9-17所示。

图9-16　"多米音乐"主界面

图9-17　"歌单"界面

目前市面上的Android平板电脑对主流音频格式的兼容性都很好，MP3、AAC、MIDI、WAV等格式基本都可以支持。

从中任意单击一个专辑，界面将显示该专辑中包含的歌曲，单击歌曲即可在线播放，或者直接选择"全部播放"，如图9-18所示。若播放了某首歌曲，用手指单击右下侧的箭头图标，即可显示正在播放的界面，如图9-19所示，还可显示正在播放歌曲的同步歌词。

图9-18　"性感女声"专辑界面

图9-19　歌曲播放界面

在主界面单击"我"选项卡，并选择"本地音乐"，出现如图9-20所示的界面，单击界面左上角的"…"按钮，将弹出相应的选项菜单。单击"扫描本地歌曲"可以将Android平板电脑中存储的音乐添加到多米的音乐库中，这样下次播放就十分方便了。

图9-20 "本地音乐"选项

在此界面中，还可以新建只属于用户自己的播放歌单，并使用软件的云功能，将播放列表保存在云端，然后在电脑、平板电脑和家庭音箱间同步聆听。不过此功能需要注册账号进行登录，如图9-21所示，如果已经有账号则可以直接登录。

图9-21 云功能需登录软件

而在"搜索"界面，海量的在线音乐搭配智能的热点关键词可供用户搜索。例如，在搜索框中输入"周"，如图9-22所示，系统将自动联想出有可能符合的歌手名称，这里单击"周杰伦"，他的歌曲便显示在列表里面了，如图9-23所示。

图9-22 "搜索"界面

图9-23 搜索结果列表

多米音乐Android拥有最优化的音频解码技术，支持多种音频格式，包括OGD和FLAC无损音乐解码，在保证网络速度的同时获得最高级别的音质享受，还支持下载更多版本的音乐文件，挑战听觉极限。

当遇到想听某首歌曲而自己的Android平板电脑里却没有的情况时，多米音乐可以解决，不过Music Online是一款可以直接在线搜索歌曲的软件，完全符合在线搜歌与听歌的要求。输入歌曲名或演唱者姓名，软件就可以进行在线搜索。从搜索结果中选择一首歌曲，单击后界面将出现"播放"和"下载"两个选项，可以根据需要选择。

9.3 照片和图像

拍照并不是Android平板电脑的强项，平板电脑内置的摄像头，像素不是很高，大多用来实现摄像、视频通话以及视频会议，而对于拍照可能不及手机的硬件水平，不过借助第三方软件，仍然可以使Android平板电脑的拍照功能实现得更人性化。

9.3.1 拍照与分享

在"应用程序"界面找到"相机"选项，即可直接进入拍照程序，调整好参数之后，单击"拍照"按钮即可。不过为了加强Android平板电脑的照相功能，不妨借助第三方软件。

例如，这里要介绍的Camera360就是一款稳居各大Android软件市场拍照分类中第一名的软件，如图9-24所示，囊括了目前Android平板电脑的照相模式，包括照片增强、风格化处理、高动态范围轻度渲染、搞笑模式、移轴风格等，它可以辅助用户拍摄出独具风格的照片。

按照之前介绍的软件安装方法，安装完成后，单击该软件的图标进入该软件的拍摄界面，如图9-25所示。

图9-24 "Camera360"界面　　　　图9-25 拍摄界面

具体来说，Camera360有两大主要选项，一是特效相机，二是情景相机。在拍摄界面底部提供了五大功能按钮，从左至右依次是浏览照片、拍摄模式、拍照键、特效（特效相机和情景相机）和设置按钮。首先，单击"拍摄模式"按钮将弹出工具栏，在其中可以选择"普通"、"连拍"、"防抖"和"计时"四种拍摄模式，如图9-26所示。

单击"特效"按钮就会进入图9-27所示的界面，可以看到相机类型包括：特效相机和情景相机两种。在"特效相机"中选择不同的类型，即可为拍摄的照片添加各种特效。

图9-26 拍摄模式工具栏

图9-27 "特效相机"界面

而情景相机模式为用户准备了多种浪漫、搞笑、可爱的拍照场景，为快速打造个性照片，可单击"情景相机"按钮，从中选择需要的拍摄场景即可。

除此之外，Camera Fun Pro也是一款非常有趣的拍照应用Android软件，可以在拍摄过程中实时加入各种风格和特效，如油画、素描、怀旧等，可下载使用。运行程序后，在软件主界面可以通过单击左右选择键来选择不同风格进行拍照，选择好风格后单击光感按钮拍摄即可。

9.3.2 美图秀秀

美图秀秀是一款基于Windows平台的图片编辑软件，凭借其不俗的功能，以及完全免费的服务深受广大用户欢迎。

基本使用

作为一款深受广大用户喜爱的软件，美图秀秀在各大网站、软件市场都能够

下载到。下载完成后单击软
件图标打开，图9-28所示是
打开美图秀秀后的主界面，
非常古朴的木质背景，中间
仅有三个功能按钮：美化图
片、拼图和素材中心，顾名
思义都是用来对图片进行修
改的。

　　在界面下方，也有四个
小按钮，"帮助"中介绍了
美图秀秀Android版的基本
操作；"设置"是让用户可
以对软件的一些功能进行调
整，从而在使用中带来更多
的方便。在选择美化图片之
后，会进入如图9-29所示的
界面，从图中可以看到也有
几个功能按钮可供选择。

　　在此单击"从相册选
择"，会进入平板电脑中存
储图片的文件夹，其中会显
示所有平板电脑中的图片。
这里选择一张人像的整张照
片进行编辑。

图9-28　"美图秀秀"主界面

图9-29　选择图片对话框

　　其中有一个拍照按钮，如果平板电脑带有摄像头的话，单击这个按钮，
平板电脑就会自动调用摄像头拍摄照片，然后会进入编辑界面对刚刚拍摄的
照片进行编辑。

　　确认添加某张图片后，会进入如图9-30所示的界面，显示在屏幕正中的是添
加的图片，左上角和右上角有两个功能按钮，一个用于返回软件主界面，另一个
用于保存和分享。

在屏幕最下方的工具栏有六个功能按钮，分别是：编辑、调色、背景虚化、特效、边框和文字。

首先介绍编辑功能，即裁剪功能。裁剪就是用户对这张图片进行修剪，只保留其中的一部分，而其他部分则不需要。单击"编辑"按钮，会进入如图9-31所示的界面。图片上出现了一个方框，在方框里面的画面就是裁剪后能够保留下来的，如果认为不满意，则可以用手指拖曳图片上方框的四个定点，直到认为满意的位置和大小，然后就可以通过单击右下角确定裁剪来完成此次操作。

在裁剪右侧有一个旋转的功能按钮，单击它将弹出一个工具栏，在工具栏中有各种图片的旋转方式，包括左旋转、右旋转、水平旋转、垂直旋转和自由旋转，可以按照需求来旋转图片。

图9-30　图片编辑界面

图9-31　"裁剪"界面

注意

此外，如果裁剪方框调整得不是很好，也可以通过单击左下角的重置按钮，来使选择框重置为初始状态，然后再重新更改裁剪保留的范围大小，直到满意为止。同时，还可以通过比例来设置裁剪图形的大小，以便获取更好的视觉感受。

例如，左旋转和右旋转都是直接将图片进行90°的旋转，如果不想旋转那么大的角度，也可以通过自由旋转来进行图片的调节。图9-32所示为通过左旋转而得到的图形，其他选择与此类似。

下面介绍美图秀秀的调色功能，它能使整个照片呈现出不同的整体颜色，可以根据需要自行调节，直到满意为止。返回原图，单击"调色"按钮，会进入如图9-33所示的界面。

这里可以通过调节色彩饱和度、亮度以及对比度来对图片进行修改。当把饱和度、亮度和对比度调高之后，图片就会变成图示的有一种黄昏和油画的暖色效果，当然，在调节的过程中，也会有其他效果出现，比较适合对图片色调较为敏感的用户使用。

图9-32　左旋转图片

图9-33　"调色"界面

虚化功能

背景虚化这个功能能够达到突出主题、虚化背景的效果，在某些需要突出表现一些地方的时候，可以用到这个功能。

图9-34所示是单击背景虚化后的界面，可以单击圆形虚化和直线虚化来选择虚化方式，在这个圆形虚化的界面下，可以拖动范围和大小的滑块来产生不同程序的虚化效果。

图9-34　"圆形虚化"界面

与圆形虚化类似，直线虚化也是通过调节范围和大小来设置虚化状态的。如图9-35所示，在这样的范围和大小下，产生了几条斜线的虚化样式，使图中的人物或者要突出展现的部分更加鲜明。

图9-35 "直线虚化"界面

特殊效果

除了虚化之外，图片特效也是美图秀秀的主打功能之一，它能使图片添加与众不同的效果，使图片看起来更加富有特色。在图片主界面单击特效按钮，就会进入如图9-36所示的特效编辑界面。界面下方有LOMO、影楼及时尚三个特效大类，每个大类又分别对应着几个不同的特殊效果。

在LOMO特效中包含了经典LOMO、炫彩LOMO、胶片和复古四种效果，可以分别单击对应的方块按钮来体验特效给图片带来的改变。如果不喜欢这些特效，也可以单击第一个原图功能按钮，使照片恢复到初始状态。

单击经典LOMO按钮，图片就会变成如图9-37所示的样子，整个图片颜色变得暗淡，色彩对比度变得较高，图片的四个角变暗，整张图片给人一种沉郁、忧伤的感觉。

图9-36 "图片特效"界面

图9-37 "经典LOMO"效果

同样，可以通过单击炫彩LOMO来切换照片的特效样式，如图9-38所示，这个效果相比经典LOMO效果色彩更加艳丽，在沉郁的风格下又不失鲜明，这种风格无疑会得到大多数人的青睐。

而单击时尚特效类时，分别会有亮红、平安夜、飞雪、夜景四个，可以单击原图重置后再切换效果，避免效果叠加。时尚效果的产生，都是通过对图片添加一些小的背景、图案，使摘片整体看起来焕然一新。例如，在单击飞雪按钮后，图片就会变成如图9-39所示的效果。点点雪花从天空飘落，跟原图的感觉大不一样，更加梦幻空灵。

图9-38　"炫彩LOMO"效果

相框功能

相框的功能比较直截了当，就是为照片添加一个相框，这个功能在大部分图片编辑软件中都是存在的。在返回主界面之后，单击边框按钮，就能进入边框的图片编辑界面。在美图秀秀中，有两大类边框可供用户选择，分别是简单边框以及炫彩边框。例如，在简单边框下，单击可爱半圆按钮，就会在照片的四周添加一个半圆组成的边框，如图9-40所示，虽然没有色彩搭配，但是看起来却十分雅致。

图9-39　"时尚特效"效果

简单边框是由简单黑白线条构成的，比较清新典雅，炫彩边框由五颜六色的图案组成，使整体充满活力。

图9-40　"边框"界面

保存与分享

此外，文字功能顾名思义就是为照片添加一些文字效果，可以自己尝试，此处不再赘述。编辑好漂亮的图片效果后，在相框界面单击右上角的对勾完成编辑，就会返回初始界面。再在该界面单击右上角的保存与分享按钮，就会进入如图9-41所示的界面。单击最上方的"保存到相册"按钮，以把自己编辑好的照片储存到平板电脑中，以备继续编辑或留作纪念。

在"保存到相册"按钮下面是各种分享按钮，可以单击这些按钮把自己刚刚编辑好的照片通过网络分享给好友。如图9-41所示，美图秀秀支持直接把照片分享到新浪微博、人人网、腾讯微博等网络，同时也可以单击其他分享来自定义分享网站。

图9-41　"保存与分享"界面

9.4　视频电影随身看

下面介绍如何玩转Android平板电脑的视频播放功能。从在线视频播放到本地高清视频欣赏，一步步将平时最常用的视频播放功能覆盖整个平板电脑。Android 4.0.3操作系统支持MKV、AVI、RM、RMVB、MP4、FLV等多种主流的视频格式，除了系统自带的视频播放器外，还可以选择功能性更强的其他软件。

9.4.1　用快手看片欣赏在线视频

在线看电影、电视剧以及各大体育赛事直播绝对是当今网民上网三件事中非常重要的一个。而对于Android平板电脑来说，随着Android系统的不断升级，在Android 2.2版中就加入了对Flash插件的支持，也就是现在可以通过Android平板电脑连接网络欣赏视频网站的视频，同时也可以畅玩网页Flash小游戏。

下面先以"快手看片"软件为例，介绍用软件观看在线视频的方法。"快手看片"作为专为移动平台打造的在线视频播放，收录了诸多视频网站的优秀电影、电视剧和综艺节目等资源，播放效果十分出色。

初识快手看片

通过单击Android平板电脑桌面上的"快手看片"图标进入软件，如图9-42所示。其界面非常简洁，可以看到软件顶端有"电影"、"电视"、"综艺"和"动漫"四个在线视频库，下面是通过年份、地区和影片类型对影片加以筛选的下拉菜单，可以根据较为模糊的范围筛选找到想观看的电影或者电视剧等视频。

图9-42　"快手看片"主界面

占据屏幕中间主要区域的是按照好评度高低排列的视频缩略图，在此可以直观了解到这些视频上映的国家和视频类型等内容。最下方的菜单栏可切换到"首页"、"收藏"、"空间"、"排行"和"搜索"五个界面。

单击软件上方的"电视"标签，可以进入电视剧视频库，如图9-43所示。内容与电影视频库一致，能够根据全部地区下拉菜单筛选国剧、美剧、韩剧和日剧等剧集，而且该软件提供的视频资源都是比较新的剧集。

图9-43　"电视"界面

 进入"综艺"视频库可以看到众多熟悉的电视节目，比如"快乐大本营"、"康熙来了"等，并且资源也比较新。除了电影、电视剧，作为新生代群体最爱的动漫内容也绝对不能少，柯南、火影、海贼王等知名动漫在这里都能一网打尽。

实战快手看片

回到首页，挑选一部热门影片，此处以《变形金刚3》为例。单击《变形金刚3》缩略图，进入《变形金刚3》的影片详情界面，可以看到网友对于这部电影的点评。

在评价条下方是两种影片观看方式，如图9-44所示。第一种是在线立即观看，软件会自动选择QQLive的mp4高清资源，这里也可以通过单击"更多观看地址"来选择乐视网、奇艺网的普清mp4等网络视频资源，如图9-45所示。

单击"立即观看[QQLive高清mp4]"按钮进入影片在线观看，在观看前请保持网络连接畅通，最好使用Wi-Fi网络，否则3G网络带来的巨大流量很快就会耗干本月的数据套餐流量。在等候影片缓冲完毕后，就可以欣赏影片了。通过单击屏幕可以快进操作，单击机身的返回键可以退出播放。

单击"立即下载"按钮后会自动跳转至空间界面，如图9-46所示。这里可以获取Android平板电脑的存储详情和下载状态，同时在这个界面上可以单击"查看"按钮选择不同章节进行跳跃式观影。单击"删除"按钮可以删除已下载的视频，用来节约平板电脑的存储空间。

图9-44　影片详情界面

图9-45　"选择观看地址"对话框

 除了在线观看外，软件还提供了视频的下载功能，这样就可以在工作和休息时让软件在后台进行下载，等有时间再打开观看，免去了等待缓冲和卡顿之苦。只需要单击"立即下载"即可，下载期间要保持网络连接畅通。

图9-46　影片下载界面

单击"软解"按钮后会显示出影片中分割好的多个片段，单击片段名称可以单独观看片段，也可以勾选"连续播放"从任意部分连续观看，免去视频播放快进的麻烦，非常的实用。

快手看片点评

此外，还可以通过屏幕操作对喜爱的影片进行收藏，在收藏界面选择观看，也可以在空间界面查看已经下载和正在下载的视频，并且对这些视频进行管理。另外，当不知道观看些什么影片好的时候，可以单击"排行"标题，进入软件给出的影片播放热度排行榜，如图9-47所示。

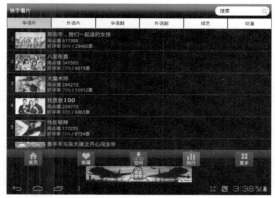

图9-47　"排行"界面

在主界面的最下端，是快手看片为客户端添加的广告栏，这样的广告栏在很多Android的免费软件中都有。

9.4.2　从网页浏览在线视频

在平板电脑出现之前，人们通常都是使用电脑连接网络，然后打开浏览器，通过网页浏览器的方式进行视频的播放，这样不会占用内存储空间，在联网的情况下还可以查看最新更新的视频和时事。所以从网页上浏览视频是在线视频欣赏的主要方法之一。

网页视频与使用软件联网看视频有所不同。首先是方式方法不同，软件看视频是直接与视频文件对接，而通过网页看视频中间多了一层关系，就是浏览器，也是因为这一层关系，播放之前还需要做准备工作，就是安装插件。同样，网页视频是个庞大的资料库，不仅包括优酷网站，还有土豆网等多个视频网站，里面的视频信息是多种多样的，也需要搜索，然后筛选再打开播放。

使用网页在线视频浏览，正好弥补了前一节快手看片不能观看热门时事以及各种MV的不足，并且可以观看专业影视视频，同时也更加方便。以预先安装的遨游作为浏览器，以目前最大的在线视频网站优酷为例，如图9-48所示，简单地介绍如何在网页上浏览想要观看的视频文件。

图9-48 "优酷网"首页

用网页浏览视频更像是在电脑上通过网页看视频，只不过操作改变成了触控，相比较而言使用软件更容易上手。

首次使用网页观看视频，在随便单击选择一个视频后，通常会出现如图9-49所示的画面，视频中央提示"您还没有安装flash播放器，请点击这里安装"。在电脑上浏览网页视频时，通常都预装了flash播放器插件，可以直接观看，而Android平板电脑一开始并没有预装，所以只有安装了flash播放器插件之后，才可以通过网页来正常观看视频。

图9-49 影片播放界面

按照视频中提示的信息，单击其中相应的超链接，然后网页就会自动进入flash播放器下载的页面。如图9-50所示，是通过软件市场进行下载，一般情况下安装的都是Adobe公司推出的Flash Player软件。

图9-50 "Adobe Flash Player"下载界面

flash也是Android 4.0版系统的一项重要功能。可以让Android平板电脑访问基于flash制作的视频、游戏、互动媒体、网络应用程序等网站功能，并且这款软件一直在更新，稳定性较好。单击下方的"下载"按钮，进入下载页面后等待下载完成即可。

 按照操作下载刚才的Adobe Flash Player之后，进行安装。这个程序只有在通过浏览器查看网页中的视频时才会使用，平常不占用过多内存，也无法直接使用。

成功安装好Adobe Flash Player插件之后，再次打开Android平板电脑的浏览器，例如在优酷网中任意选择一个视频进行查看，视频已经变得可以观看了，如图9-51所示。如果Android平板电脑处于一个比较好的网络环境，播放起来缓冲得较快，那么就可以得到一个比较好的观看效果。但是因为兼容性的原因，观看视频的时候不会与电脑播放效果相同，视频不太流畅。

图9-51　影片播放界面

网页视频是无处不在的，网页上的flash也是无处不在的，作为网页上展示内容的一个重要部分，是文字、图片之外最可以给人直观感受的，在Android平板电脑上正常播放网页的视频后，Android平板电脑的应用变得更加丰富。

 除了可以查看视频网站的视频外，现在各大社交网站，例如人人网、腾讯空间等，在好友状态更新都不时有人会分享各种各样的视频短片，成功安装flash插件之后就可以直接浏览这些视频。

安装网页flash插件之后，不仅可以浏览网页上的视频信息，还可以玩各种flash小游戏。目前流行的大多数flash小游戏都是网页上的在线游戏，如图9-52所示，只需要等待缓冲结束，就可以在网页上直接玩。在线小游戏也是网页娱乐的一个重要组成部分，Android平板电脑的游戏数量毕竟有限，并且安装过多的游戏还会增加系统的负担，但是在线flash小游戏并不存在这个问题。

图9-52　在线小游戏详情界面

> 这类游戏仅在游戏时会缓冲在Android平板电脑中，只要定期清理平板
> 电脑中的垃圾文件以及缓存即可，并不会影响Android平板电脑的性能。在线
> 小游戏种类繁多，其中一些提供Android系统的平板电脑下载。除了各类在线
> 小游戏外，目前比较热门的网页游戏，包括"蛋蛋堂"等在内，都会逐渐被
> Android平板电脑支持，极大丰富了娱乐性能。

如图9-53所示，在缓冲完在线flash之后，就可以正常进行游戏了。因为按键不相同的原因，可能一些游戏玩起来有点费事。

图9-53 在线小游戏界面

9.4.3 视频网站客户端的使用

观看在线视频，除了使用第三方软件和通过网页浏览外，还可以使用下载的网络视频客户端来浏览在线视频，包括"优酷视频客户端"、"UC影音"、"土豆视频客户端"和"奇艺影视"等。

这里以优酷视频客户端为例进行介绍。下载并安装优酷视频客户端之后，单击相应图标进入其主界面，如图9-54所示。主界面中按键分布很简单，在界面左上角

图9-54 "优酷"主界面

有退出按钮，单击可以退出客户端。主界面的主要内容是以视频截图加文字的形式列举出来的视频列表，在菜单上面分有"推荐"、"分类"、"排行"、"搜索"和"我的优酷"五个按钮。

图9-55所示是单击主界面中的"排行"按钮之后出现的界面，其中包括"最多播放"和"最多评论"两个选项。用户可以根据不同的需求进行选择。

图9-55　"排行"界面

例如，选择"最多播放"这个选项，如图9-56所示，其中分为"今日"、"本周"和"本月"三类，可以通过单击来选择不同的选项，然后滑动屏幕查看相应菜单中的全部视频。

图9-56　"最多播放"界面

在视频菜单中，可以通过滑动屏幕来查看列表中全部的视频信息，也可以通过"分类"或"搜索"的方式来查找自己想要的视频。如图9-57所示，在找到自己想要观看的视频后，只需单击，屏幕就会进入视频详情这个界面。

图9-57　"视频详情"界面

有一些视频分为"普清"和"高清"两个选项，可以根据网络速度来选择。如果不想观看该视频，可以单击屏幕左上角的"返回"按钮返回上一步菜单。

初次使用优酷视频客户端观看网络视频就会出现如图9-58所示的对话框，因为优酷视频客户端本身并不是视频浏览器，不能直接通过客户端进行播放，因此需要在该对话框中选择一款常用的视频播放器，就可以观看所选择的视频了。

图9-58 "使用以下方式发送"对话框

  除此之外，其他视频客户端的使用也大同小异，比如奇艺视频是百度旗下视频网站"奇艺网（www.qiyi.com）"提供的一款免费在线观看高清视频的软件，片源很多，有娱乐快讯、电视剧、电影等，并支持搜索。其中，电视剧还可以分集点播，清晰度好。软件首页显示热门影视，单击任一影视右侧的箭头即可播放，若单击界面下方的"频道"图标，则可以按类别查看视频。

9.4.4 播放本地视频

除了观看在线视频外，还可以通过电脑传输，然后储存进SD卡中的本地视频。不过可选择使用的视频浏览器很多，除了内置的视频播放器外，还有一些第三方播放软件同样支持本地视频的播放，无需联网即可使用。

对于这样的普通视频播放，只要在Android平板电脑上安装视频播放软件，直接打开播放即可，此处不再赘述。下面推荐两款播放软件。

悠米解霸

悠米解霸能够完美实现RMVB解码，无需解码硬件，免费使用，实现智能平台高清视频播放，如图9-59所示。这款软件极限支持720P高清RMVB，更支持AVI、MP4、FLV、3GP等常见视频格式，支持Mpeg4、H264等常见编码方式。

图9-59 "悠米解霸"设置界面

RockPlayer

RockPlayer是一款嵌入式平台上的高性能全格式视频播放程序，凭借专为移动设备优化的播放核心以及高度优化的FFMpeg解码器，使其已经成为Android系统平台上性能最高、支持格式最广泛的视频播放软件之一，如图9-60所示。

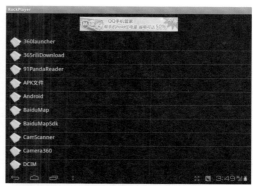

图9-60 "RockPlayer"查找视频界面

9.4.5 视频格式的转换

在视频播放过程中，难免出现格式不支持、视频图像变为绿色、无视频图像、视频图像模糊等问题，说明当前的视频格式不被支持，需要转换视频格式。下面介绍通过电脑端的视频转换工具FormatFactory（格式工厂）转换视频格式的方法（软件下载地址：http://www.onlinedown.net/soft/69033.htm）。

安装好FormatFactory后，运行该软件，出现如图9-61所示的界面。单击"选项"进入到新的界面，在此可以设置视频转换的常规选项，如图9-62所示。

图9-61 "格式工厂"主界面

图9-62 "选项"界面

再在主界面中，单击"所有转到移动设备"选项，出现如图9-63所示的界面。在这里进行视频转换的参数设置。在左侧视频格式列表中选择和自己设备对应的选项，比如选择GX 480×320 MPEG4，然后单击"确定"按钮进入下一步。

添加需转换的视频文件，如图9-64所示。单击"开始"按钮后，即可开始转换操作，等待完成。当然也可以添加多个视频，同时进行转换。将转换好的视频复制到Android平板电脑的SD卡中，就可以使用Android平板电脑上安装的视频播放软件进行观看了。

图9-63 "更多设备"界面

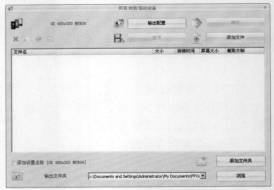

图9-64 "所有转到移动设备"界面

第**10**章

Android
平板电脑生活帮手

繁忙的工作之余，大家是怎么消遣休闲时间的呢？读读书、听听音乐、玩玩游戏或者看看电影都是很不错的放松方式。Android平板电脑在这几个方面都提供了强大的支持功能。

10.1　网上购物

使用Android平板电脑进行网购更为便利，无论身处何地，只要有无线网络就能翻看购物网页，一旦发现中意的商品就可立即下手，使网上购物变得更加轻松自如。

10.1.1　团购

2010年1月，国内首家团购网站"满座网"上线，拉开了国内团购序幕。在Android平板电脑客户端，团购网也纷纷布局，目前比较常用的团购客户端有：团购大全、拉手网团购、我的团购、美团网、2000团等。

例如，安装"团购大全"运行后，进入如图10-1所示的主界面。可以通过左右滑动来浏览信息，为了查看方便，还可以对内容进行细分。单击界面上方的分类浏览按钮即可，比如，单击"娱乐"分类，在下面的细分类中选择"电影展览"，将出现如图10-2所示的界面，这里显示了与所选类别相关的所有团购信息，可以通过上下滑动来进行浏览。

 团购信息是实时更新的，所以不用担心看不到新的信息。

单击任一团购信息，进入其详细内容界面，如图10-3所示。若看到自己感兴趣的团购信息，可以单击界面底部的"收藏"按钮将其收藏起来，同时也可以对信息作出评论等。

上述是一些基本操作，如果经常出差，则可以通过切换城市来浏览所在城市的团购信息。在主界面中单击左上角的城市名称，如"长沙"，进入如图10-4所示的"切换城市"界面，选择对应的城市即可。

图10-1　"团购大全"主界面

图10-2　"电影展览"界面

图10-3　"团购详情"界面

图10-4　"切换城市"界面

　　其实只要Android平板电脑能够联网，每次运行程序之前或在"切换城市"界面，系统都能通过GPS定位用户所在的城市，从而自动更新其所在城市的团购信息。

10.1.2　淘宝

淘宝Android平板电脑客户端是淘宝网官方推出的，提供给Android用户的平板电脑端购物软件，为用户提供快捷方便的购物新体验。它支持旺旺聊天、支付宝一键支付、淘宝商城品牌正品选购，让用户每时每刻乐淘其中。

安装完成后，单击"淘宝"图标，进入如图10-5所示的主界面，在此演示一下搜索和购买商品的步骤。单击搜索输入框，进入搜索界面，如图10-6所示。

图10-5　"淘宝"主界面

图10-6　"淘宝"搜索界面

在输入框中输入关键字"衣服"，单击"搜索"按钮，显示结果如图10-7所示。单击任一感兴趣的条目，商品详情如图10-8所示。

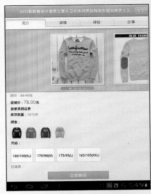

图10-7　搜索结果界面　　　　　　　　　图10-8　商品简介界面

 除文字搜索外，客户端还支持语音搜索、条形码搜索和二维码搜索。

在界面上方可以单击简介、详情和评价选项查看商品的相关具体信息。例如，单击"详情"选项卡，结果如图10-9所示。如果对该商品满意的话，就可以选择尺码、颜色等信息，单击"立即购买"按钮，若此时还没有登录，则转入登录界面，如图10-10所示。

图10-9　商品详情界面　　　　　　　　　图10-10　"用户登录"界面

输入账户名和密码后，单击"登录"按钮就进入了填写订单界面，如图10-11所示。在此需填写详细的收货地址、联系方式和购买的数量，还可以通过给卖家留言，提出发货的相关要求。

在淘宝首页或其他界面，也可以按机身物理"Menu"键，调出功能选项菜单，单击其中的"登录注册"选项进入登录界面。

　　填写完毕后，单击"确认购买"按钮，界面会跳转到支付宝界面，如图10-12所示。这里将显示支付宝的账户余额和购买商品所需的金额，倘若支付宝账户余额不足以支付所要购买的商品价格，则选择合适的支付方式进行支付，操作过程可以参考电脑上的操作，这样就完成了网上购物的过程。

图10-11　"订单详情"界面

图10-12　"选择付款方式"界面

　　　　　　也可以在界面底部选择其他合适的支付方式进行支付，如"手机银行"、"话费充值卡"和"网汇e"等。

　　购买成功后，可以回到淘宝首页，单击界面底部的"我的淘宝"选项查看订单情况，如图10-13所示。若要进行"注销账户"或其他设置操作，则可以按机身物理"Menu"键，在弹出的功能选项菜单中选择"设置"或"更多"选项进入设置界面，如图10-14所示。

图10-13　"我的淘宝"界面

图10-14　"淘宝"功能选项菜单

10.2 餐馆查询

这一小节将介绍Android平板电脑端大众点评网，方便随时随地查找餐馆。其主要功能有：随时随地查找美食、休闲娱乐、酒店等各种生活消费信息；查看商户地址、电话、简介以及点评、推荐菜等；北京、上海等五大城市优惠券每日更新、免费下载；签到功能、记录足迹、分享体验。

安装后单击相应图标进入如图10-15所示的界面，可以看到附近、搜索、签到、优惠券、排行榜、我的收藏、最近浏览、今日团购和更多功能。单击左上角的"上海站"进入程序切换界面，如图10-16所示。设置用户所在的城市后，返回主界面。

图10-15 "大众点评"主界面

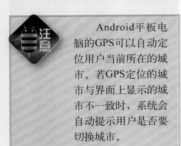

Android平板电脑的GPS可以自动定位用户当前所在的城市。若GPS定位的城市与界面上显示的城市不一致时，系统会自动提示用户是否要切换城市。

图10-16 "切换城市"界面

单击"附近"按钮，进入如图10-17所示的界面。这里可以看到距离用户2000m以内的商户，如美食、小吃快餐、咖啡厅、茶馆和公园等。单击"美食"选项进入如图10-18所示的界面。

图10-17 "附近分类"界面

图10-18　"附近-美食"界面

在这个界面中再单击"美食"下拉菜单，可以从中选择感兴趣的菜系，进而更方便、精确地选择符合要求的餐馆，如图10-19所示。另外单击"附近500m"下拉菜单，还可以选择附近500m、附近1000m或附近2000m的餐厅，如图10-20所示。

图10-19　选择菜系对话框

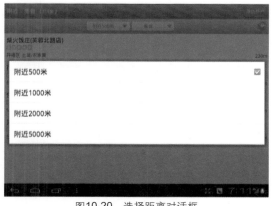

图10-20　选择距离对话框

以上是查找所在地附近的餐馆。下面介绍搜索功能。在主界面单击"搜索"图标进入如图10-21所示的界面。

直接输入餐厅名称搜索，或根据热门商区快速搜索。这里单击"热门商区"→"更多"，选择查找的地区，如图10-22所示。选择"开福区"→"伍家岭"，即可浏览附近餐馆，如图10-23所示。单击界面右上角的下拉菜单，还可以根据需要排列这些搜索到的餐厅，从中选择不同的排序方式进行排列，如图10-24所示。

图10-21 "搜索"界面

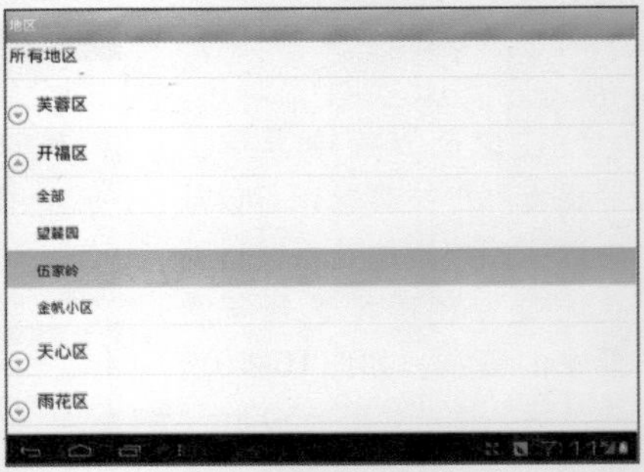

图10-23 "搜索-伍家岭"界面

图10-22 选择地区界面

图10-24 选择排序方式界面

10.3 酒店预订

下面推荐一款软件——经济酒店预订软件。该软件综合了国内城市经济型酒店20 000多家，提供了GPS定位功能，让用户能查找到附近的酒店，并且实现了手机免费预订功能（入住时再支付）。

安装好经济酒店预订软件后，单击"经济酒店"图标，进入搜索界面，如图10-25所示。选择好城市、入店日期和离店日期后，单击"搜索酒店"按钮，结果如图10-26所示。

图10-25　"搜索酒店"界面

图10-26　搜索结果界面

单击界面左上方的"酒店筛选"按钮，会弹出如图10-27所示的"酒店筛选"对话框。设置好筛选条件后，单击"确定"按钮完成筛选，如图10-28所示。

选择合适的酒店信息并单击后，进入如图10-29所示的界面，单击"预订"按钮，填写订单详情，如图10-30所示。填写完毕，单击"提交订单"按钮。若预订成功，将会有成功信息的反馈；若预订不成功，也会有相应信息返回给用户，返回到主界面重新预订即可。

图10-27　"酒店筛选"对话框

图10-28　筛选结果界面

图10-29 "酒店详情"界面

图10-30 "提交酒店订单"界面

10.4 出行查询

10.4.1 公交线路——BusLine

BusLine公交线路查询是一款可查询公交路线、换乘、站点的免费软件。目前可以支持的城市包括特别行政区、自治区和所有省会城市，以及一些比较发达的城市（如厦门、深圳）等公交线路的查询。

运行程序后进入如图10-31所示的界面，首先选择用户身处的城市。选择好所需要的城市后，将显示如图10-32所示的查询界面，在文本框中输入起点和终点。

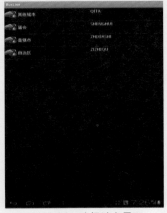

图10-31 选择城市界面

图10-32 "换乘"界面

程序默认安装是没有公交路线的，如果选择了所在的城市，则需要先把这个城市的公交信息下载下来。

单击"查询"按钮，就可以查询到相关的公交线路了，如图10-33所示。当然，在上述的操作中选择的是"换乘"，也可以在如图10-32所示的界面中单击"线路"查询或者"站点"查询。例如，单击"线路"，输入"699路"后单击"查询"按钮，则会把699路所经过的站都查询出来，如图10-34所示。

图10-33 "查询结果"界面

图10-34 线路查询结果

10.4.2 列车时刻——盛名火车时刻表

列车时刻查询软件可以用来查询我国33个省、市所属的火车站、火车运营线路的时刻表，方便用户的出行。由于列车时刻查询软件种类繁多，此处仅介绍比较常见的盛名火车时刻表查询软件，其他软件的使用类似。安装好软件后运行，进入如图10-35所示的界面。在此输入发站和到站地点，单击"查询"按钮则界面返回查询到的车次，如图10-36所示。

除了支持站站查询，盛名时刻表还支持车次和车站查询。在主界面上方单击相应选项即可。这里选择"车次查询"，进入如图10-37所示的界面。输入想要查询的车次，单击"查询"按钮，再单击查询到的车次可以浏览其详细情况，如所经站点、到站时间、离站时间等，如图10-38所示。

图10-35 "站站查询"界面

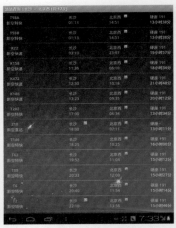

图10-36 站站查询结果

图10-37 "车次查询"界面

图10-38 车次详细情况

单击"返回"按钮，则返回到查询结果界面。车站查询的方法与车次查询操作基本相似。

10.4.3 航班订票——航班管家

航班管家是一款可以实时查询全国航班动态的软件，主要适用于经常出差、旅游、接送机等商旅人群，为用户的出行、旅游、会议、接送机、报平安等提供航旅信息服务，让用户随时随地掌握一切航空资讯。

安装好航班管家后，运行程序进入如图10-39所示的主界面，在此可以设置出发城市、到达城市以及出发时间等信息。之后单击"查询"按钮，会出现查询结果，如图10-40所示。

图10-39 "航班管家"主界面

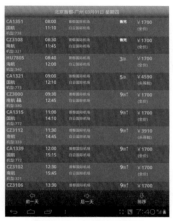

图10-40 机票查询结果

选择合适的航班单击，查看其详细情况，如图10-41所示。如果觉得比较满意，则可以通过携程旅游网订票或者直接电话订票，操作方法与电脑上的类似，此外不再赘述。

图10-41 航班详细情况

10.4.4 自驾必备——百度地图

百度地图是由国内互联网搜索巨头百度公司推出的一款电子地图类产品，通过其搜索框可以查询到全国各地的各类场所、公交车站、电话信息，甚至对部分城市还支持路况实时显示功能。它可以支持包括语音搜索在内的多样化的搜索方式，以及离线地图模式等，方便用户的使用。

周边搜索

安装完成后可以单击其图标进入软件主界面，如图10-42所示。软件会默认加载当前所在城市的简单地图。

图10-42 "百度地图"主界面

在网络状况良好时，软件将以蓝色三角形标出用户所在位置，若三角形周围同时出现浅蓝色圆形区域则说明位置可能并不准确但属于该范围。当然，对于Android平板电脑这类移动设备，网络必不可少，因此出门在外如何解决网络接入问题呢？如今各大酒店，以及星巴克、麦当劳等场所往往都提供免费的Wi-Fi服务，可以保证稳定的网速。相对公共无线的限制，若采用3G方式接入互联网，那就更能提高出行质量了。

当确定当前所在地的大概位置后，可单击软件上方工具栏的"放大镜"图标，此时会弹出对话框，这时可以搜索到屏幕范围的餐饮、娱乐、交通、住宿等常用公共场所，如图10-43所示。这里以寻找金融服务地点为例，单击"银行"按钮，在弹出的对话框中可以选择要找的具体类别，单击后系统将分别标注其所在地，如图10-44所示。

图10-43 "在我的位置附近找"界面

图10-44 标注所在地主界面

此时，可以根据具体情况决定选择哪个位置。单击对应气球状图标还会弹出对该位置的详细介绍。

路径获取

　　出行之前很多人都会计划这次出行的主要行程以及目的地的相关景点，可如何快速到达指定地点呢？此时不妨借助"路线查找"功能。首先在主界面工具栏中找到类似交通导向符号的图标，然后单击会弹出如图10-45所示的对话框。

　　第一个文本框用于填写起始位置，第二个文本框用于填写目的地。输入完成后，在对话框底部选择出行的交通工具，如"小汽车"，然后单击"放大镜"图标进行搜索，此时结果将选取最优路线在地图上直接显示，如图10-46所示。

　　在输入位置时系统会提示与输入内容相关的地点，可供用户快速找到所要输入地点。同时软件还支持使用当前位置或是从收藏夹、地图上等选取地点，这些操作可以在相应对话框后单击向下的三角形按钮进行选择。

图层显示

　　百度地图采用了时下最流行的图层模式对地理信息进行有选择性的显示与叠加。对此可以按机身物理"Menu"键，在弹出的功能选项菜单中单击"图层"按钮进行选择。如图10-47所示，软件提供了多种信息显示的开关，更多内容可以在热门分类中进行查看，合理的选择显示内容可以在不使用搜索的情况下对周边环境了如指掌，快速定位需要寻找的位置。

图10-45　"路线查找"对话框

图10-46　最优路线显示界面

图10-47　"图层"对话框

　　若在功能选项菜单中单击"更多"按钮，则可以进入更多设置选项，软件将"离线地图"、"收藏夹"等功能集中在此处，如图10-48所示。若单击功能选项菜单中的"清除结果"可以清空上次搜索留下的路径等信息，便于开启新的搜索且地图上不会显得凌乱。

图10-48　"更多"选项菜单

离线地图功能

　　由于软件本身并没有内置离线地图包，对于离线地图包的获取主要有两种方法：通过Wi-Fi直接下载和电脑端下载后复制到Android平板电脑存储的相应位置。如果使用Wi-Fi进行下载，则可以单击"更多"选项中的"离线地图"，进入如图10-49所示的界面。单击右上角的"下载地图"按钮即可使用Wi-Fi方式进行下载。

　　不过使用这种方式下载并不能得到比较理想的速度，因为可以通过电脑下载来提高效率。首先访问百度离线地图官方网站找到适用于Android平板电脑的地图包，下载后按官方给出的提示将其复制到Android平板电脑中，重新启动软件即可看到安装成功的提示。

图10-49　"离线地图"界面

路况查看

　　随着科技的发展，道路管理也变得越来越智能，而百度地图可以将从交管部门获取的路况实时数据覆盖到已有的地图上。如图10-50所示，在地图显示界面单击右上角的"红绿灯"图标，就能为用户提供实时路况图。绿色代表通行顺畅，黄色代表低速行驶，而红色显然就是该路段出现了拥堵情况，这样一来，驾驶员就可以根据实际情况，避开拥堵路段，快速到达目的地了。

图10-50　路况显示界面

当然，对于实际生活中的距离，人们都有比较具体的意识，但是在地图上凭借比例尺目测两地距离就比较困难，在软件中用户可以通过测量工具来获取。在其功能选项菜单中依次单击"更多"→"工具"→"测距"即可。

10.5　旅游周边软件

很多现代人追求的是个性化的出游方式，因此对随身携带的装备提出了不少要求。想要在旅途中轻装前行，又想有强大的数码设备支持，Android平板电脑搭配各种出行软件一定是个不错的选择。

10.5.1　"去哪儿"客户端

这里介绍一个生活资讯百事通——"去哪儿"客户端软件。软件针对广大游客出行所需要的常见信息提供了一站式服务，可以快速查询机票、酒店、列车时刻、景点甚至是团购，也可以说是Android平板电脑的必装软件。单击软件图标，进入如图10-51所示的主界面，在灰色背景下各个功能区用圆角方块标出，一目了然的设计很容易让用户找到想要的功能。

图10-51　"去哪儿"主界面

机票搜索

在主界面单击"机票"图标即可进入"机票搜索"界面，如图10-52所示。

图10-52　"机票搜索"界面

与"航班管家"软件的使用类似，同样设置好出发和到达的地点，以及出发的日期，单击"搜索"按钮，软件便会以列表的形式给出搜索结果，如图10-53所示。

图10-53　搜索结果显示界面

单击界面底部工具栏中的"查询返程"按钮，还可以快速查询返程机票信息。

如果对某架航班比较感兴趣可以单击对应条目，查看飞机类型、准点率等更为详细的信息。如果想乘坐该次航班，界面中的信息栏列出了众多该次航班的机票代理商给出的报价，用户可以根据喜好通过代售预定当次航班，如图10-54所示。

图10-54　航班详情界面

软件还有一个特色功能，即在软件底部的选项中选择"更多"→"机场"可以进入"机场宝典"界面，对如何到达出发机场、如何从机场到达目的地的市区等情况进行查询，十分方便。

列车时刻查询

　　"去哪儿"客户端还提供了最新的列车时刻表和列车查询功能，在主界面单击"火车票"图标进入火车查询系统，如图10-55所示。与"盛名火车时刻表"软件的使用方法一致，在设置好出发和到达的地点后，单击"搜索"按钮便会显示搜索结果，如图10-56所示。单击某一趟列车即可显示与该车有关的详细介绍，包括列车类型、票价等，如图10-57所示。

图10-55　火车详情界面

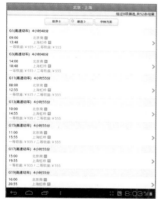

图10-56　搜索结果显示界面

图10-57　"火车票搜索"界面

酒店搜索

　　在主界面单击"酒店"图标进入酒店搜索界面，如图10-58所示。软件支持按城市搜索和周边搜索，只需单击软件上部的选项卡即可完成切换。

图10-58　"酒店搜索"界面

以按城市搜索为例：单击"入住城市"选择目的城市，再单击下方的日期修改按钮，分别修改住店和离店日期。最后是对酒店的价格进行筛选，在确定搜索范围后，单击"搜索"按钮即可，如图10-59所示。

 如果对当地酒店的名字略有印象，还可以在下方的对话框中输入关键字以提高搜索的精确度。

图10-59　搜索结果显示界面

景点搜索

"去哪儿"同样支持当地景点搜索，在主界面单击"景点"图标即可进入景点搜索界面，如图10-60所示。

此时，可以在搜索框中输入省市或者景点名称进行搜索。以输入"上海"为例，稍等片刻软件列出了所有名称中带有"上海"字样的景点，且一并列出的还有景区的缩略图以及景区地址，如图10-61所示。若对某个景点十分感兴趣，也可以单击其名称，查看详细情况，如图10-62所示。

图10-60　"景点搜索"界面

图10-61　搜索结果显示界面

图10-62　景点详情界面

团购功能

外出游玩住店消费等是必不可少的，如何用更少的钱享受同等的服务呢？团购，这个时下最流行的消费模式就是一个非常好的办法。想知道旅游所在地的商家们都在进行什么样的团购活动，也可以用"去哪儿"搜搜看。

在软件主界面中，单击"团购"图标即可进入城市列表界面，选择城市后将显示如图10-63所示的团购界面，这样就可以根据不同的目的地选择更有针对性的团购信息，单击感兴趣的团购条目即可查看具体情况，如图10-64所示。

图10-63　团购搜索结果

图10-64　团购详情界面

不过软件中的很多功能，比如下订单进行团购等都需要"去哪儿"账号的支持，这时就需要注册一个"去哪儿"账号了。首先在软件的主界面中单击"订单管理"图标即可进入用户中心，在如图10-65所示的界面中单击"注册"按钮，并根据软件的提示逐步完成注册即可，如图10-66所示。注册成功后输入账号密码登录软件，就可以轻松享受软件提供的全部功能了。

图10-65　"登录"界面

图10-66　"注册"界面

10.5.2　天气软件

　　下面介绍一款可以在Android平板电脑上稳定运行的天气软件——"蜜蜂天气"，通过它Android平板电脑用户也可以及时了解天气变化。蜜蜂天气不仅支持简单的天气查询，而且还支持桌面小部件等众多个性化的设置，可以说功能非常强大。

　　运行程序即可进入如图10-67所示的主界面，金黄色的麦穗背景让人似乎置身田野。蜜蜂天气界面采用Android中很常见的分屏设计，用手指左右拖动即可在各个界面间查看。上下滑动屏幕，软件将自动滑向下一屏查看其他城市的天气，如图10-68所示。

图10-67　"蜜蜂天气"主界面

图10-68　切换城市天气

　　当天天气下方的列表是最近几天的天气预报，这里提供了未来四天的天气情况，外出远行的人可以据此适当调整行程。

　　继续向左滑动屏幕，进入下一屏内容。如图10-69所示，在此可以查看包括旅游指数在内的8种常见指数。任选其中的一种，软件下部即会显示相关提示，可以将其作为参考调整自己的出行计划。

图10-69　常见指数显示界面

将软件拖入最后一个屏幕，可以看到最近五天内的天气变化情况，如图10-70所示。软件以折线的方式显示气温的浮动，风向标表示时间点的风向，可以说一目了然。

图10-70　天气变化显示界面

单击软件顶部工具栏上的"+"按钮即可进入城市添加界面，如图10-71所示。用户可以在搜索框中直接输入城市的名称或首字母进行搜索。单击想要添加的城市，在弹出的"添加城市"对话框中单击"确定"按钮即可完成一个城市的添加，如图10-72所示。

图10-71　搜索城市界面

图10-72　"添加城市"对话框

 当然，软件下部还列出了全国各地名称，也可以通过它逐级查看城市。而重复操作还可以继续向软件中添加更多的城市，软件会把用户选择的所有城市作为一个条目添加在主屏中，当自选城市过多时可以通过上下滑动查看全部城市。

　　蜜蜂天气还提供了桌面小部件，下面介绍如何添加。首先在所有应用程序界面选择"窗口小部件"选项卡，进入小部件选择菜单，如图10-73所示。这里包含了众多可以创建窗口小部件的程序名称。选择其中的"蜜蜂天气"（软件提供了大、中、小三种尺寸可供选择，这里可以根据桌面的情况选择合适的大小），添加后的效果如图10-74所示。

图10-73　"窗口小部件"界面

图10-74　添加小部件效果

　　桌面小部件的外观也可以根据使用者的喜好进行定制。在程序主界面中按"Menu"键，在弹出的功能选项菜单中选择"更多"，此时会弹出一个菜单，单击其中的设置，软件可以对温度单位、更新频率作详细设置。单击"设置桌面组件"可以进入桌面部件的设置面板，在此可以根据需要设置文字颜色以及背景颜色，甚至透明度等相关参数。

10.5.3　超级指南针

　　外出旅游，尤其是郊外旅游时，方向对于每一个远足者都是十分重要的，不过专业指南针价格昂贵，传统民用指南针受电子设备影响较大。相比之下，这里推荐的这款软件有很多独特的优势：首先使用十分方便，依托于Android平板电脑内置的陀螺仪，不会给旅途增加额外的负担；其次是指向准确，并且采用传感器使其更具有耐久性。

当软件安装成后，单击对应图标即可
进入软件主界面。如图10-75所示，软件
整体简洁明晰，正中央的罗盘表明了软件
的主要用途。

软件的左下角在GPS开启的状态
下，还会显示当前的地理位置，可供用户
参考。当移动Android平板电脑时，可以
发现指南针的方向不停改变，但最终都落
在一个方向：南/北，与传统指南针相差
无异。

图10-75 "超级指南针"主界面

在使用过程中如果发现软件所给出
的方向跟实际始终有一定的误差时，可以
考虑校准指南针。按机身物理"Menu"
键，在弹出的功能选项菜单中选择校准，
按其中的要求进行操作即可完成校准工
作，如图10-76所示。

图10-76 "校准指南针"对话框

软件还提供了多种的皮肤可供选择，
同样在功能选项菜单中选择"样式"，软
件会弹出"选择样式"对话框，里面提供
了多种风格各异的皮肤，用户可以根据喜
好进行挑选，如图10-77所示。

 其实无论软件界面如何改
变，最终是要能正确的指引方
向，对此这款超级指南针的精确
度足以应付一般民用需求。

图10-77 "选择样式"对话框

10.6 平板电脑理财

电子商务的迅猛发展，使用户只要通过手中的Android平板电脑移动终端就可以对股票、基金等理财产品进行管理，既方便实用，又灵活高效。

10.6.1 大智慧

近些年CPI不断看涨，为了让钱能生钱，很多人都热衷于投资和理财。因此，一款好的炒股软件是必不可少的，它可以让股民随时了解股市动态，以便更好地做出决策。大智慧就是这样一款能够在Android平板电脑上运行的股票软件，下面介绍如何使用大智慧来炒股。如图10-78所示，运行大智慧后进入软件主界面，它采用了经典的九宫格设计。

图10-78 "大智慧"主界面

 软件启动时可能会不定期弹出"大智慧公告"，其中会提示如政策面利好消息等内容，为股民决策提供参考，阅读完毕可以单击"确定"按钮将其关闭。

看股票涨跌

作为股民自然最关心股票的涨跌起落，在需要查看时，首先单击软件底部的功能表，在其中选择"排行"即可查看，如图10-79所示。这里默认以"涨幅"为参考，按降序排列各支股票，在中间区域上下滑动手指可以查看各支股票的涨幅排名。如果比较关心其中某只个股，还可以向左滑动手指以查看成交量及交易金额等详细数据。

沪深A股	最新	涨幅%	涨跌
上海贝岭 600171	6.37	10.02	0.58
汇冠股份 300282	24.40	10.01	2.22
盛屯矿业 600711	22.00	10.00	2.00
深华发A 000020	6.82	10.00	0.62
奥维通信 002231	16.72	10.00	1.52
金路集团 000510	7.38	9.99	0.67
共达电声 002655	17.30	9.98	1.57
万泽股份* 000534	5.42	9.94	0.49
华微电子 600360	5.20	9.94	0.47

图10-79 "涨跌排行"界面

在选项卡的下部还设有信息栏来显示沪深股市实时动态，若想自定义这部分的显示内容可以单击左侧的"字段设置"，其中有丰富的调节选项，用户可根据喜好进行调节，如图10-80所示。

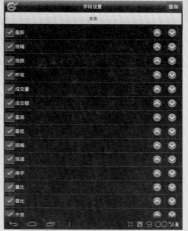

图10-80　"字段设置"界面

当然，股市并不是一路看涨，如果想查看当天的下跌股票，则可以单击软件上部的"涨幅"选项，此时将显示大盘中的下跌个股，如图10-81所示。对于出现跌幅的个股查看方法与查看上涨股票完全一致。

大智慧软件还可以根据数据最新指数作为排序选项显示各个股票情况，只要单击"最新"选项即可，如图10-82所示。如果想按升序排列，可以再次单击该选项来实现。

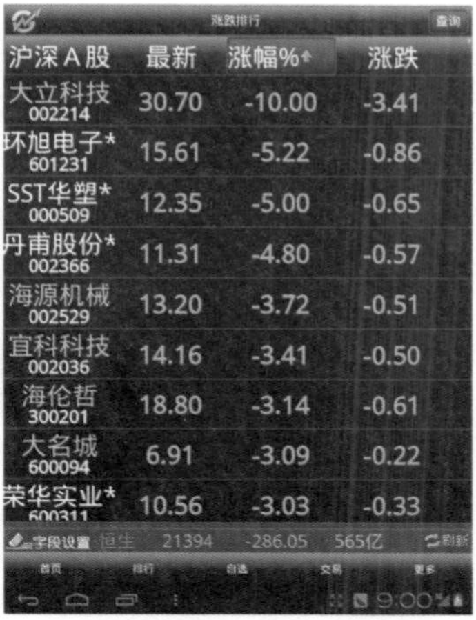

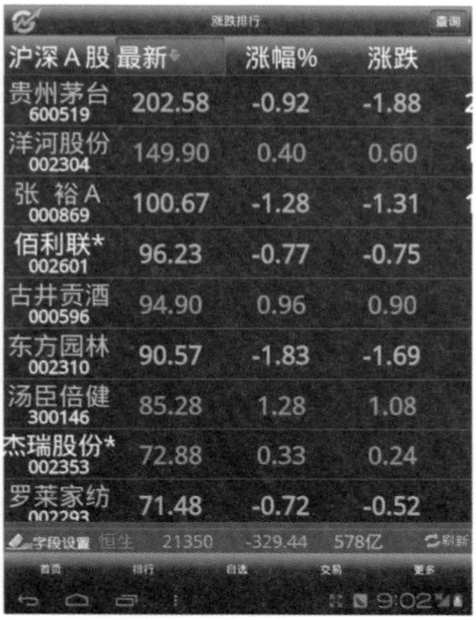

图10-81　"涨跌排行"界面

图10-82　"涨跌排行"界面

　　大盘的整体情况同样会影响个股的涨跌，如果想查看大盘的总体走势，可以在主界面中单击"大盘指数"按钮，软件会以列表的形式给出国内各大指数的最新情况，同时还有交易量、涨跌幅等相关参数，如图10-83所示。若特别关心某一指数，如"上证指数000001"，单击其名称即可显示其K线图，手指在线上拖动时，软件还会列出当时的详细股指，如图10-84所示。

图10-83　"大盘指数"界面

图10-84　"指数详情"界面

　　在使用大智慧时常常会弹出"实时解盘"窗口，其中有时会有一些利好或者做空信息，有时可能会是大智慧自身产品的推荐，此时可以单击"下一条"按钮来逐条进行查看。

K线分析

　　通过软件上部的选项卡，还可以切换到K线模式，此时可以查看更多K线信息，如图10-85所示。界面底部可以对K线显示周期进行设置，日K、周K反映了短期走势，而月K则表明了股票的长期走势。

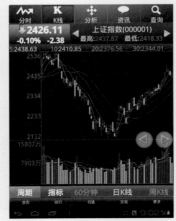

图10-85　"K线分析"界面

同样用手指单击K线将以十字焦点将所选点标出，同时在一旁给出该点的详细数据。软件右侧的两个箭头可以固定间距查看K线上的数值，如日K线将以小时为步长逐一显示个点数据，这对定点分析有很大帮助。

市场信息

　　各种消息也都会影响股市，大智慧中也提供了丰富的咨询信息，其内容基本都已筛选，都是有可能造成市场反馈的信息，如图10-86所示。

　　而在全球经济一体化的浪潮下，世界股市的起落对于国内股市也多少会产生影响，在主界面中单击"全球市场"就可以看到这里提供了全球股指、期货等行情，如图10-87所示。如单击"全球指数"按钮，软件就会以列表的形式对全球股指进行详细描述，同时也可以按某一关键选项进行排序，如图10-88所示。具体方法与国内行情查询方法相似，此处不再赘述。

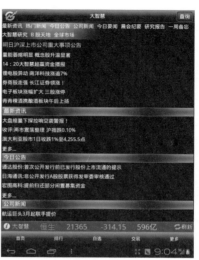

图10-86　"市场信息"界面

图10-87　"全球市场"界面

图10-88　"全球指数"界面

设置大智慧

单击软件底部工具栏中的"更多"→"系统设置"即可对软件各部分进行详细修改，如图10-89所示。

图10-89 "系统设置"界面

 大智慧对于注册用户还特别开放一些功能，比如对自选股票的保存等。若要注册大智慧账号，可以在主界面中顶部工具栏内选择"注册"，如图10-90所示。根据软件提示输入用户名和密码等信息即可完成注册，注册之后就可以使用自选股同步等功能了。

图10-90 "注册"界面

10.6.2 同花顺

同样作为老牌的股票交易软件，同花顺也可以说是股票人士必备的装机软件。如今它也推出了Android平板电脑客户端，可以实现几乎所有电脑版本所具备的功能。运行程序后，首先进入登录界面，如图10-91所示。输入账号和密码之后单击"登录"按钮即可进入软件主界面，如图10-92所示。若无账号密码也可以单击"注册"按钮进行注册。

图10-91 "同花顺登录"界面

图10-92 "同花顺"主界面

在主界面中单击"我的自选"图标将显示自选股票当日的价格和涨跌幅度，如图10-93所示。在"自选"股票界面直接单击股票名称，程序将在整个屏幕内显示所选股票的综合分析，如图10-94所示。

图10-93 "自选"界面

图10-94 "股票详情"界面

单击上方的价格板块，界面中将弹出新的栏目显示当日的股票资金动向，如图10-95所示。若要查看该公司的最新动态，单击右边的资产板块即可，用户可以在新的界面中查看财务分析、股本结构以及盈利预测等内容，如图10-96所示。

自选股界面的下方为"大盘信息"显示栏，当需要查看其他大盘信息的时候，单击显示栏后面的展开图标，即可在界面中显示大盘走势，如图10-97所示。

除了界面上出现的板块外，还可以按机身物理"Menu"键，在屏幕菜单中选择查看完整的股票"分时"行情、"K线图"等，如图10-98所示。

图10-95 "详细报价"对话框

图10-96 股票最新动态界面

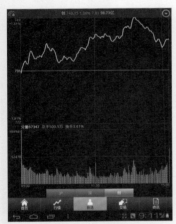

图10-97 大盘走势界面

图10-98 股票功能菜单选项

 注意　除了综合分析外，在自选股票界面中，还可以通过顶部的选项卡选择查看"成交明细"、"十档买卖"和"成交统计"等详细资讯。

　　而在任意显示界面单击右上角的"放大镜"按钮，可以进入搜索界面，直接输入股票代码或字母缩写，即可查询相关的股票，如图10-99所示。

　　除了自选板块外，同花顺还提供了"资讯"、"行情"、"交易"等几大板块功能。例如单击界面底部的"资讯"选项，进入如图10-100所示的界面，它又分为"头条"、"自选股"、"解盘"、"搜牛"和"更多"5大栏目，单击相应栏目即可查看其中资讯。

图10-99　"股票搜索"界面

图10-100　股票资讯板块

 在行情板块中，所有股票将按照涨幅百分比从大到小的顺序依次排列，可以方便查看绩优股的情况；而交易板块将显示开户券商的列表，用户也可以在界面顶部的搜索框中，直接输入名称进行查找。

10.6.3　料理基金

有了Android平板电脑，同样可以成为基金平台的移动客户端。在电子市场中已经有许多基金软件平台，此处以"和讯基金"为例进行介绍。在如图10-101所示的主界面，用图标的方式将所有功能板块依次排列，单击相应的图标即可进入各个板块查看具体信息。单击"最新净值"图标进入如图10-102所示的界面，在此分别列出了开放式基金和封闭式基金的基金类型。

图10-101　"和讯基金"主界面

图10-102　基金分类界面

单击相应的类型，如"配置型"，在新的界面中将显示该类型下所有基金的最新净值明细，如图10-103所示。选择某一具体基金，单击进入查询界面，可以查询基金近期的分时走势以及投资回报、最新规模等投资信息。单击界面左上方的添加图标，还可以将该基金加入"我的基金"板块，如图10-104所示。

图10-103　"配置型基金"列表界面　　　　图10-104　基金详情界面

在主界面单击"我的基金"，可以方便查看添加过的基金净值和涨跌幅度。想要删除自选基金，则直接单击列表后面的"删除"按钮即可。

在主界面中单击"基金微博"，可以查看最新的微博评论和投资行情，用户也可以注册一个账号，登录之后在线发表自己的观点和看法，如图10-105所示。而单击"最新排名"，则程序将按照增长率由低到高的顺序排列所有基金，用户可以直接查看每款基金的净值和增长百分比，如图10-106所示。

图10-105　"基金微博"界面　　　　图10-106　"最新排名"界面

"基金新闻"版块则提供了与基金走势相关的最新新闻资讯，用户可以直接单击查看具体新闻内容，以便让用户参考基金的运作情况，如图10-107所示。而"和讯评级"版块则通过自带的审核标准，针对基金的净值、增长率、市场前景以及运作情况等方面对基金作出综合评价，然后按照评价的星级，以由高到低的顺序将其用列表的方式排列出来，对比信息一目了然，如图10-108所示。

图10-107　"基金新闻"界面

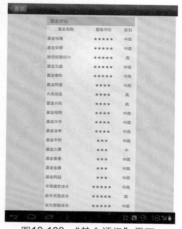

图10-108　"基金评级"界面

读书笔记

第 **11** 章

Android
平板电脑游戏随身玩

Android平板电脑的应用离不开游戏，并且游戏也是最可以发挥Android平板电脑优势的地方。Android系统以开放的平台接纳软件，游戏本身也是一种程序，所以游戏的安装、下载与应用程序的处理无异，参照程序安装的方法，即可将海量的游戏先搬到Android平板电脑中。

11.1 精彩游戏推荐

11.1.1 经典游戏

由于Android平板电脑上可以玩的游戏太多，这里只选出几款游戏详细介绍，包括游戏介绍、游戏玩法等，旨在抛砖引玉，然后介绍一些精彩游戏。

愤怒的小鸟 　推荐指数：★★★★★

《愤怒的小鸟》这款游戏故事十分有趣，为了报复偷走鸟蛋的肥猪们，鸟儿以自己的身体为武器，仿佛炮弹一样去攻击肥猪们的堡垒。游戏是十分卡通的2D画面，看着愤怒的红色小鸟，奋不顾身地向绿色的肥猪的堡垒砸去，那种奇妙的感觉还真是令人感到快乐。而游戏的配乐同样充满了欢乐的感觉，具有轻松的节奏，欢快的风格，如图11-1所示。不过在进行游戏的时候却没有这样的音乐，有点可惜。但是将鸟儿们弹射出去时，它的叫声倒是给人好笑的感觉。

 《愤怒的小鸟》这款游戏几乎是全年龄段的一款休闲娱乐游戏，以轻松快乐的剧情，可爱幽默的画面，搞笑的声音，符合逻辑的简单物理原理构成。现在的游戏中想要寻觅一款适合全年龄玩的游戏，除了它之外恐怕也只有连连看那样的原始游戏了。

图11-2是《愤怒的小鸟里约版》的游戏画面。这款游戏除了普通版之外，还包括许多版本，比如"里约版"、"季节版"等。在不同版本中的愤怒的小鸟，故事进行了延伸，并且添加了不同种类的绿猪和小鸟，让游戏变得更加有意思。

图11-1 游戏读取画面

图11-2 里约版游戏画面

 《愤怒小鸟中秋版》集成了Rovio过往发布过的所有季节版，包括万圣节版、情人节版、圣帕特里节版和复活节彩蛋版。新的"中秋节版"中Rovio为小鸟注入了全新的中国风元素，以中国最传统的节日中秋节作为主题，古色古香的中国建筑场景，让人感受与众不同的小鸟大战。绿猪一改呆板形象，在新版中头戴草帽，品着中国茶更显悠闲趣味，小鸟在攻击绿猪同时，还需要收集月饼，开启隐藏关卡。

如今，《愤怒的小鸟》不再是一款手机或平板电脑游戏，并且已经移植到了电脑上。而更有意思的是，其变成了一个娱乐品牌，从游戏推出至今，有许多爱好者制作出愤怒的小鸟的毛绒玩具十分可爱和形象，并在市场上也大受好评。

 《愤怒的小鸟》的开发商是Rovio公司，它是一家位于芬兰的手机游戏开发商，其作品涵盖各种类型以及多种平台，主要作品包括《愤怒的小鸟》、《漆黑惊栗》等。

游戏故事

游戏故事的由来是这样的。一天早晨，小鸟们醒来，突然发现鸟窝里空空的。蛋到哪里去了？经过调查，小鸟们发现：是绿色猪猪们偷走了他们的蛋。 正义的他们自然不会放过这些偷蛋贼，没有先进武器，他们用自己的身体攻破层层设防的猪堡！大红鸟也在背后担心地看着他们，准备随时助他们一臂之力。

游戏玩法

Android版《愤怒的小鸟》游戏共包括6大章节，而第1章节就包括3个大关，在每个大关里，有21个小关卡等待用户去体验，如图11-3所示。

游戏过程不能跳关，而只能从第一大关的第一小关开始，一个关卡一个关卡不断摸索，才能以更高的成绩顺利晋级下一关。在一关关的不断磨练和熟能生巧之

图11-3　第一大关的21小关

后，玩家们需要做的就是不断地让每一关都能获得高分数和至少三星的游戏效果，不然以后获得金蛋的机会就很少。此外，砸金蛋也是有技巧和方法的，而不是盲目地将游戏从头体验到尾就能轻易获得的。

 在游戏中最重要的还是要足够的熟练度，以及游戏整体的把控，需要游戏玩家能够投入足够的耐心和耗费足够多的时间去进行体验，尤其是在前期繁多的关卡需要过的这个中间，另外就是掌握这些足够的技巧。

游戏的玩法很简单，将弹弓上的小鸟弹出去，砸到绿色的猪头，将猪头全部砸到就能过关。鸟儿的弹出角度和力度由手指来控制，要注意考虑好力度和角度的综合计算，这样才能更准确地砸到猪头。而被弹出的鸟儿会留下弹射轨迹，可供参考

角度和力度的调整。另外每个关卡的分数越多，使用的鸟儿越少，击中的目标类型越少，评价星级将会越高，如图11-4所示。

图11-4　游戏画面

小鸟的分类

红色小鸟：体型小、重量轻、攻击弱、无特效，可在滚动时消灭绿猪。适合攻击玻璃与木头，攻击混凝土较弱。（关卡1-1）

蓝色小鸟：体型极小、重量轻、攻击弱，可以变成3个。攻击玻璃较强，攻击木头与混凝土较弱。（关卡1-10）

黄色小鸟：体型较小，重量较轻，特效为加速，使用前攻击弱，使用后攻击中等。攻击木头较强，攻击玻璃与混凝土很弱。（关卡1-16）

黑色小鸟：体型较大，重量重，会爆炸，撞击力强，爆炸力强，气浪中等。适合攻击混凝土。（关卡2-5）

白色小鸟：体型大，重量重，可以向下方下一个"炸蛋"，同时白鸟变小且被弹开。撞击力弱，"炸蛋"爆炸力中等，气浪大。（"炸蛋"碰到任何物体都会立刻爆炸，弹开时撞击力较强，可对对方造成中等伤害！）（关卡2-14）

绿色小鸟：体型中等，重量较轻，嘴大，可以回旋，使用特效前攻击弱，使用后攻击中等。适合攻击玻璃与木头，攻击混凝土较弱。（关卡6-5、关卡9-6）

红色大鸟：外形为红色小鸟的放大版，体型大，重量中等，无特效，攻击力极强，撞击地面时有弹性，弹起后碰到物体伤害力中等。（关卡9-1）

障碍及饰品简介

玻璃（冰）：脆弱的材料，适合用蓝色鸟、红色鸟击打。一般作为装饰或第一、二层障碍。

木头：比玻璃坚硬，适合用红鸟、黄鸟、绿鸟、白鸟及其下的蛋击打。一般与石头合用做城堡材料。

石头（铁、混凝土）：最坚硬的材料，适合用白鸟的蛋、黑鸟将其炸掉，或者用大红鸟击打（建议不用）。

TNT：被小鸟打中可以爆炸，爆炸力强，但不如黑鸟。一般出现在可以起连锁反应的地方。

气球：会阻碍小鸟使用特技，有时会吊着猪或顶着障碍物出现。有一关金蛋关是顶着TNT。

弹簧板：材料，小鸟掉在上面会弹起来。无法被消灭。可以用绿鸟回旋反弹或黄鸟加速反弹。

垒球（石/铁球，木球，玻璃球）：重量一般，可以滚动。一般作为启动连锁反应的机关。

弹球：材料，小鸟掉在上面会弹起来。会吊在一起形成隔膜，阻拦小鸟。无法被消灭。打法如弹簧气球介绍。

游戏简评

《愤怒的小鸟》绝对算得上一款经典游戏，如果用Android平板电脑玩游戏，这款游戏必装。游戏过关较为简单，并且考虑到适合全年龄段玩家，游戏的难度适中，不过想要玩得好，每一关都得三颗星还是有一定难度的。另外，《愤怒的小鸟》这款游戏更多的并不是以华丽的画面或者复杂的剧情引人注目，而是以轻松娱乐的气氛感染玩家，画面简洁可爱，游戏玩法也十分简单，所以堪称经典中的经典。

水果忍者　　推荐指数：★★★★★

《水果忍者》（Fruit Ninja）充满了趣味却又紧张刺激。看着一个个水果在自己的指下被斩成两半，那种感觉相当爽快。2D结合3D的画面表现方式，让游戏的视觉效果相当不错。像一些水分多的水果，一刀下去，汁液飞溅。不过游戏没有独特的配乐，只有斩开水果的声音和清脆的鸟叫声，略显单调。

游戏的玩法很简单，用手指在屏幕上移动，看到抛出的水果就看准划过去，即可斩开水果。注意水果有大有小，小的水果比较不容易斩到。另外，还要注意的是除了被抛出的水果外，炸弹也会出现，在经典模式中一斩到炸弹游戏就会结束，而在街机模式则会扣分。

单人游戏模式

《水果忍者》的单人游戏目前共有三种不同的模式可供选择，随着版本的不断更新还可能推出更多的模式，如图11-5所示。

Classic（经典模式）：图标为西瓜的Classic模式中，会不断出现水果和炸弹，时间无限。水果共有三次因没有切到而失误的机会，而炸弹只要一切到游戏就会马上结束。每积累到100分就会自动补充一次以前失去的机会。

Zen（禅境模式）：图标为苹果的Zen模式中，只会不断出现水果，时间为一分半。在这一分半内谁因连击而切出的分数越高，谁就是胜利者。游戏不会因水果的掉落而失败，如图11-6所示。

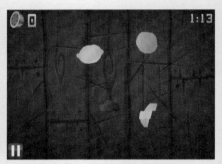

图11-5　游戏模式选择　　　　　　　　图11-6　禅境模式游戏画面

　　Arcade（街机模式）：图标为香蕉的Arcade是最新的一个模式，也是花样最多的一个模式。在本模式中会同时出现水果和炸弹，时间为1min。特别之处是，这个模式的目的同Zen模式一样也是获取更多的分数，碰到炸弹并不会导致游戏结束而是会减少10分。除此之外本模式中还有三张特殊的香蕉——银色冰香蕉可以使时间暂停并且大幅度减缓水果的飞行速度；蓝色双倍香蕉可以让短时间内切出的分数加倍；而红色疯狂香蕉可以使大量水果从屏幕两侧不断飞出。如何利用好这三种特殊的香蕉正是游戏的关键。

　　新版更新在Arcade模式结尾追加了石榴，会在时间用完的时候出现，石榴一次切不烂，此时可以多次切割来赚取更多的积分！手快的能划四五十分。

双人游戏模式

　　与Android系统手机版本的《水果忍者》不同的是，使用Android平板电脑进行游戏，在游戏双人对战模式时更加刺激。多人任务包含两种竞技模式，经典招式和计时对决两种模式。

　　经典招式：游戏时间不限，在屏幕两侧各出现相同的水果以及炸弹，通过累计自己画面右下角的炸弹，等切够一定水果之后，可以点击给对方发送炸弹。游戏玩法与单人模式中的经典模式相同，不能切到炸弹，累计掉落三个水果则视为失败，并且游戏不计分，也不能消除掉落的水果。

　　计时对决：在一定时间内，屏幕两侧各出现相同的水果，并且没有炸弹，采取计分制，计分方法与单人模式中的禅境模式相同，计时为零后，分数多的一方获胜。

游戏技巧

　　经典模式比较简单，只要保障不要掉落水果，并且不要切到炸弹，是锻炼技巧的模式。在这个模式中不要求连续切三个水果，也不需要一刀划掉每一批水果，但求稳定。而禅境模式就需要技巧了。在禅境模式中，一共有1.5min的时间限制，所以一次切到三个水果或三个以上水果，分数就会乘以二，是锻炼水果连击的模式。并且在禅境模式中没有炸弹，玩家只需要考虑如何可以赢得加分，也就是在一个不漏的情况下"一刀切"，从而获取更高的分数。

结合两种模式的就是街机模式。它是考验玩家真正水平的模式，既有时间限制，并且当中又包含很多减10分的炸弹，又有划到直接清除连击，还有可能清除屏幕上的所有水果。

街机模式技巧小结

黄色香蕉是乱出水果比较能打高分，建议根据出来水果的排列，选择横向或者纵向切割，但是要注意的是，红色香蕉是容易掉落水果，这样游戏结束时的NO FRUIT DROPPED！ +50就没有了！蓝色香蕉是2倍积分，也就是在蓝色香蕉状态下所有积分翻倍，这个建议保持连击，+30分翻倍就是60分。白色香蕉是时间冻结，在这个状态下，游戏速度变慢，而且游戏时间是冻结的，哪怕最后1秒（甚至在0秒结束时切到白色香蕉也能继续游戏），这个状态下建议保持连击就好。

　　理论上3个香蕉一起切到并保持连击是得高分的理想环境。曾经有过3香蕉加连击2倍积分结束时加分300。一般游戏时尽可能保持连击，也就是背景有向上箭头的，这个状态下，每3次COMBO能有额外5分奖励，并且累计，最高到+30后封顶（4COMBO+5COMBO也能实现连击，所以3COMBO3次是比较实惠的连击实现方法）。

游戏评价

《水果忍者》（Fruit Ninja）是一款十分有趣的休闲类游戏，游戏界面精致，声音逼真刺激，将手指扫过屏幕，像忍者切开剪出美味果汁的水果，同时注意不要碰到混在其中的炸弹，一旦引发爆炸，刺激冒险便会瞬间结束。

3D桌球　　推荐指数：★★★★

图11-7所示是《3D桌球》游戏主界面，包括落袋台球、斯诺克、印度桌游以及加拿大棋四种游戏。桌球也称为台球，日常生活中可以经常见到，但是一旦放到了Android平板电脑上，就可以足不出户玩台球了。虽然没有身临其境的那种感觉，也不能手拿球杆瞄准击白球，但是这款《3D桌球》可以在一定程度上实现打台球的愿望。

游戏画面

该款游戏模仿真实的台球画面，以第一人称角度进行布局，角度适中，并且通过画面中左下角的选项还可以调节画面大小、亮度和视角。视角的正中央是球台和中间玩家要击打的白色球。

以图11-8所示的9球为例，3D画面清晰有质感，与真实台球十分相似。画面顶部的左右两角，分别是两位玩家的游戏数据，包括应该打的花色以及分数，还有比分。

图11-7　游戏选择主界面　　　　　　　　图11-8　　九球游戏画面

游戏技巧

《3D桌球》的游戏技巧比较简单，但又可以说比较复杂，因为台球本身就属于体育项目，所以规矩自然少不了，不同模式下有不同的规矩，与现实中台球桌上的规矩基本相同。

击球画面屏幕右下角有击打的选项，操作方便易懂，而台球桌上也会自动显示出球击打的路线，以及被击打球的走向，可谓是百发百中，只要瞄准正确，进袋是绝对没问题的，而且白球击打完的走向也会用线指出。

　游戏中虽然不会让玩家手拿球杆对着Android平板电脑的屏幕又敲又打，但是用手滑动屏幕一样可以调节角度和球杆力度。

而游戏的真正技巧在于，用白球击打完不同颜色的球之后，正确判断球的走向，好为下一步击球做好准备，考虑到每一次击球，基本可以一杆清台。

游戏评价

《3D桌球》是一款现实与游戏相结合的体育类竞技游戏，可以与电脑进行PK，也可以在一台平板电脑上两个人进行对决，游戏中使用的3D画面很好地还原现实中的台球画面，而击球路线和简单的操作也让玩家非常容易上手。

极限方程赛车　　　　推荐指数：★★★★

《极限方程赛车》（Extreme Formula）是一款体育竞速类游戏，它很好地利用了Android平板电脑的重力感应功能，让玩家在游戏的时候身临其境，好像在驾驶一辆飞奔的汽车。

图11-9所示是极限方程赛车的游戏主界面。游戏采用3D效果，以第三人称视角进行游戏，玩家操作赛车飞奔，通过与电脑或者好友的对战逐渐提升自己的操作

水平，获得更高的名次，更快地完成赛道。

游戏画面及玩法

游戏的玩法非常简单，车辆会自动加速前进，玩家可以通过轻触单击如图11-10所示右下角的刹车按钮来进行降速，以便安稳过弯，但是速度过慢又会影响速度，所以十分考验操作技巧。

图11-9　游戏选择主界面

图11-10　游戏画面

 赛车转弯并没有按键，只需要通过玩家双手改变Android平板电脑的角度，类似转动方形的方向盘一样操控汽车。

游戏总结

《极限方程赛车》这款游戏很好地体现了Android平板电脑的重力感应功能，虽然算不上最热门的游戏，不过以赛车的形式来感受Android平板电脑的重力感应效果，娱乐性非常高，所以还是建议玩家不妨体验一下。

游戏绝对是Android平板电脑休闲娱乐性能的最佳体现，《愤怒的小鸟》和《水果忍者》两款游戏设计十分经典，并且老少皆宜，属于休闲类游戏，很好地表现出Android平板电脑的休闲娱乐功能。《3D桌球》与《极限方程赛车》都与现实结合，而且《极限方程赛车》还很好地结合了Android平板电脑的重力感应装置，感觉更像是在开真的汽车。

Android平板电脑的游戏不止如此，因为篇幅的问题不能逐一介绍，下面推荐一些精彩的Android平板电脑必备游戏，这些游戏以Android平板电脑为平台操作起来更加简单，画面更加逼真、震撼，而更多的游戏功能还需要用户去深度挖掘。

11.1.2　动作射击类

最后的攻击　推荐指数：★★★★

这是一款反映现代战争的3D直升机游戏，通过游戏所占的内存就可以想像其界面逼真的程度。该款游戏通过屏幕虚拟键盘和虚拟按钮来控制直升机右上角的雷达可以寻找敌人，这点与《使命召唤》非常相似，操控简单，采用震撼的立体画面，加上处理过的战争场面和流畅的3D显示效果，总体表现虽不敢说完美，但也令人拍手叫绝，如图11-11所示。

图11-11 《最后的攻击》画面

该游戏的最大玩点是其任务布置和武器配备：13个震撼悬疑任务；6种包括火炮，炸弹和导弹在内的武器；超过30种不同的敌人；还有4种不同的直升机供玩家选择，而且支持SD卡，只要玩家接触到这款游戏肯定就会爱不释手。

死亡空袭（Mortal Skies）

推荐指数：★★★★

《死亡空袭》同样是一款以空战为背景的游戏，但是此款游戏有它的独到之处，就是实现空中、地面立体交叉打击，更接近现代战争。夸张一点，这款游戏为空战游戏开辟了一片新天地。这款游戏的另一大特色就是由真实故事改编而成的，如图11-12所示。

此款游戏同样是一款3D游戏，立体空间的飞机模型，并辅以逼真的山川、峡谷、河流作为场景，使画面栩栩如生，给玩家一种身历其境的感觉。这款游戏同样是一款Android操作系统的游戏，所以操作起来较为简单，玩家

图11-12 《死亡空袭》画面

可以选择触摸屏幕或者依靠重力感应驾驶飞机，发射火炮。

机器人科迪（Crody）   推荐指数：★★★

这款游戏是一款3D画面的Android平板电脑专属游戏，玩家的主要任务是控制名为Cordy的机械人建立机械星球。在游戏中，玩家要控制Cordy在3D场景下展开旅程并利用木箱、木桶通过重重障碍，最终闯到关底。画面右上角显示玩家收集到的齿轮Cordy电量。当Cordy的电量充至全满（找到足够金色球形的道具）的时候，玩家就可以找到一个黄色类似电视机的物体，只要单击一下，Cordy就可接通电源，开启通往下一关的大门，如图11-13所示。

此款游戏不像以上两款那样激烈、血腥，游戏背景基调以绿色为主，给人一种心旷神怡的感觉。

图11-13 《机器人科迪》画面

忍者突袭　　推荐指数：★★★★

当今Android平台上比较热门的两个游戏是忍者和涂鸦两种类型，而《忍者突袭》这款游戏更是紧追现代流行元素，具有现代跑酷风格。这款Android游戏具有浓郁的涂鸦风格，同时还有很快的游戏节奏，绝对是玩家不可错过的精品游戏，如图11-14所示。

此游戏的画面较为简洁，也不曾具备以上几款游戏的3D效果，但是简洁而不简单、此游戏采用的是

图11-14 《忍者突袭》画面

Doodle手绘风格画面，主人公是一忍者，他拥有踊跃、飞镖、飞跃、加速多种动作组合，主要任务就是不停地奔跑，向丛林的尽头冲锋，在跑的过种中要躲避小乌龟的袭击，并保证自己不坠落悬崖。当玩家奔跑的距离达到一定长度就有相应的称号，使玩家具有很强的成就感。

机器人大战HD　　推荐指数：★★★

《机器人大战HD》是Android平台游戏的又一新作，其特点与上文介绍的《机器人科迪》有些类似，游戏同样以一个名叫Roboto的机器人为主角，小机器人为了与心爱的人长相厮守，经历了重重考验，最终闯关成功，与爱人修成正果。《机器人大战HD》拥有30个关卡，每关都设计了不同的游戏内容，如图11-15所示。

《机器人大战HD》通过屏幕下方的三个虚拟按键进行操控，右下角绿色的按键为射击键，红色则是用来控制机器人跳跃的，这款游戏设计的难度指数较高，玩家需要有灵敏的反应力才能轻松驾驭。游戏集合了《酷跑》、《马里奥》等游戏元

素于其中，主人公需要通过顶白色圆筒状的物体来获得齿轮、螺丝、金币等用来升级铠甲及武器。另外，游戏还设计了加速带、断裂桥以及反转路等来增加难度。

图11-15 《机器人大战HD》画面

丧失之地（Zombie Field）

推荐指数：★★★

《丧失之地》是一款以生化危机为背景的游戏，游戏情节并不复杂。在游戏中，玩家将扮演两名英雄中的一个，这两名英雄是一对雇佣兵兄妹，在深陷于一个未知生物横行的世界中为生存而战。在这场战斗中，变异生物会成群结队而来，玩家必须杀出一条血路。为了能够更加吸引玩家，游戏设计了丰富的武器：手枪、来福枪、短枪甚至还有重型的武器，但子弹是有限的，如图11-16所示。

图11-16 《丧失之地》画面

此游戏的玩法与《生死四人组》有些类似，同样需要两名主人公精诚合作共同冲出重围。另外，《丧失之地》设计了两种模式：空袭和生存，玩家也可以根据自己对游戏的熟悉程度来自由调节难度。此游戏的另一大特色就是还可以更新地图、武器和物品。

11.1.3　角色冒险类

武士II复仇（Samurai II: Vengeance）

推荐指数：★★★★★

《武士II复仇》（Samurai II: Vengeance）是一款以大名武士复仇为题材的游戏，游戏的血腥程度非常高，但同时也给玩家带来了强烈的刺激与快感。此外，此游戏相比之前的《武士》的操作也进行了不少改进，使游戏的操作更顺畅。游戏的左上方为主人公条，左下方虚拟按钮用来控制主人公的移动，右边的三枚虚拟按钮为跳跃键与攻击键。因为此游戏为Android平板电脑专属游戏，需要双手操作。此款游戏的画面精致、逼真，尤其是当敌人被劈死的一瞬间给玩家的视觉冲击感甚是强烈，如图11-17所示。

图11-17　《武士II复仇》画面

勇者之心（Battle Heart）

推荐指数：★★★

《勇者之心》（Battle Heart）作为Android平台的又一杰作，结合了即时战略的要素和RPG，以及简单的画线操作，再配合欧美特有的魔幻风格，让游戏充满了魔幻色彩。简洁的卡通画风和Q版的人物造型，以及各种华丽的技能光影效果的完美结合，使游戏展现独具一格的战斗风格。而怪物的造型和各种攻击技能的释放，与众不同的外形设计，让游戏整体的战斗表现力显得更加出色，如图11-18所示。

Alright! Now that we're on the field of battle, let's begin!

图11-18　《勇者之心》画面

猎魔战记（Magic World）

推荐指数：★★★★

《猎魔战记》同样是一款角色冒险类游戏，剧情带有浓厚的西方魔法色彩：为了取出神灵的骨骸将上古神明复活，各地的魔术师、法师都纷纷在此集合参加圣战，法师发动了血骂禁术，各地魔物受到禁术纷纷骚动，一场异变悄无声息，大战即将来临，驱魔术士迪恩（主人公）也因此踏上了屠魔的旅程，如图11-19所示。

因为此款游戏同样以Android系

图11-19　《猎魔战记》画面

统为平台，所以操作比较简单，连续单击屏幕上虚拟的移动按钮可以实现加速，连续单击跳跃键为连跳，同时按左移动键或右移动键加攻击按钮为连续攻击。游戏中每关打死一个怪物时会有不同的奖励，单击右上角的菜单图标打开系统菜单可以进行设置。

泽诺尼亚（ZENONIA）

推荐指数：★★★★★

《泽诺尼亚》第四版已经正式登录Android平台。《泽诺尼亚》讲述的是为了维护世界和平，荡平宇宙中的黑暗势力，LU、Ecne、Morpice、Daza四位年轻的英雄担起了拯救世界的重任。四位特点鲜明的主角，每个人都有自己独特的背景。同时游戏具有3个不同的模式，来供玩家挑战，让玩家自由度变得更高，如图11-20所示。

图11-20 《泽诺尼亚》画面

游戏的画面仍然沿用了冒险类游戏可爱清爽的风格。本款游戏的容量诚意十足，100多张不同风格的地图、98个内容丰富的任务，圣骑士、枪手、魔法师和战士4个不同的职业供玩家选择，让玩家能够打造出属于自己的个性角色。游戏依然使用触摸屏虚拟键盘操控，操控感一流。

艾露西亚（Illusia）

推荐指数：★★★

《艾露西亚》这款游戏的剧情同样非常丰富，玩家是一位有为的魔法师，需要在一块充满幻想和传奇的大陆上杀死所有恶魔，并在战斗中逐渐让自己不断成熟强大，并解开塔内秘密，从而实现国家的和平，如图11-21所示。

《艾露西亚》的剧情虽然有些传统、老套，但游戏中的画面和操作却可圈可点，人物的移动打斗通过屏幕上的虚拟按钮实现，操作较为简单、顺畅、画面精致、华丽，玩家在一开始虽然只有战士和法师等初阶职业可以选择，但是经由转职，可以从事的职业高达14种，游戏系统非常庞大。

图11-21 《艾露西亚》画面

11.1.4　体育休闲类

挖坑战僵尸（Zoombie Digger）　　推荐指数：★★★★

这款采用欧美最爱的僵尸题材，不过与《植物大战僵尸》不同的是里面出现的僵尸都是以动物为主，不过相比人类僵尸，动物僵尸更显得多样化，它们可以驾驶坦克、乘坐火箭、踩着弹簧，向你的房子发起进攻，唯一的遗憾就是此游戏采用的是2D画面，如图11-22所示。

该游戏同样采用Android触摸屏操作，整体的手感简单流畅。玩家需要使用枪械、挖坑做陷阱、炸弹和各种

图11-22　《挖坑战僵尸》画面

强力的武器，来消灭所有来犯的僵尸动物。当然也可以徒手与僵尸作斗争，不过这样的攻击效率很低。而且一些乘坐坦克的僵尸动物或者身形巨大的BOSS，是无法徒手与其抗衡的，而这就需要玩家获得更多的金钱去升级各种道具武器才能消灭僵尸。

蛋糕小铺（Cupcake Dash）　　推荐指数：★★★

这是一款以经营为题材的休闲游戏，非常适合广大女士收藏。游戏共有四个大场景，分别是公园（容易级别）、巴黎（中级）、乐园及疯狂蛋糕（高级）。游戏要求通过前一关卡才可解锁下一关卡，如图11-23所示。

游戏中的客人对于蛋糕的款式要求不同，对蛋糕制作的速度也有很高的要求，客人的形象也不尽相同，有耍酷的小子，也有装成迈克尔杰克逊的黑超，但出镜率最高是一位美丽

图11-23　《蛋糕小铺》画面

的小姑娘，所以，这就要求玩家沉着、冷静对待，遇到刁难的顾客千万不要慌张。

疯狂卡丁车　　推荐指数：★★★★

游戏采用了色彩明亮的全3D的卡通风格，非常适合这类休闲型的赛车游戏，轻松的背景音乐很好地起到了烘托气氛的作用，当使用各种道具进行激战时肯定会令人开怀大笑，游戏中的车手都是曾经出现在其他游戏作品中的角色。值得一提的是疯狂卡丁车的操控手感相当好，不管是使用重力感应或是触摸屏都能够很好地控制赛车、发射道具，如图11-24所示。

图11-24 《疯狂卡丁车》画面

劲乐团（o²jam）   推荐指数：★★★★

《劲乐团》这款游戏在几年前可以说是名噪一时，它是世界上第一款以MP3音乐为游戏平台的休闲音乐游戏，巧妙地结合了音乐与娱乐，让玩家在弹奏歌曲时不知不觉地融入到无限音乐美好中，如图11-25所示。

由于Android系统的加盟，在平板电脑上的玩家就可以重温经典，这款游戏采用卡通版的画面，画面

图11-25 《劲乐团》画面

精致、华丽。在操作上，玩家同样使用触摸屏进行操作，由于此游戏的程序较为复杂，再加上使用平板电脑进行控制，所以，操作起来可能有些不易上手，《劲乐团》的粉丝们可以体验一下。

捕鱼达人之海底捞   推荐指数：★★★★★

如今Android平台也有自己专属钓鱼类休闲游戏——《捕鱼达人之海底捞》！更值得一提的是这款游戏是一款国产游戏，更适合中国人的玩法，华丽场景，奇妙的鱼群，完美移植平板电脑游戏，妙趣横生的关卡设计，酣畅淋漓的射击体验，让玩家感受不一样的捕鱼乐趣，随时随地畅享平板电脑上玩"捕鱼达人"的激情，如图11-26所示。

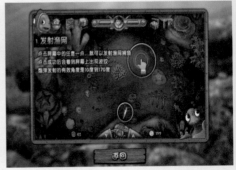

图11-26 《海底捞》画面

这款国产Android游戏与前段时间在iOS操作系统上呼声很高的休闲游戏"Fishing Joy"相仿，操作起来更加顺畅，玩家可以通过一些简单的触控操作完成游戏。

涂鸦跳跃（Doodle Jump）

推荐指数：★★★★★

《涂鸦跳跃》是一款生命力极顽强的小游戏，这款游戏一上市就受到众多玩家的青睐。游戏采用重力感应来控制主人公，玩法与《是男人就上一百层》类似，拥有极高的挑战度与可玩性。成功登录Android平台后，表现依然可圈可点。里面的主人公长相喜人，游戏中这个看似弱不禁风的主人公将遇到弹簧鞋、直升机、螺旋桨的帮助，来摆脱怪兽们的袭击，如图11-27所示。

《涂鸦跳跃》经久不衰的秘诀就在于版本更新快，目前该游戏仍然保持旺盛的更新力。其经典程度更不用多说，电子市场的星极评分高达4.5分，其中5星评分的占有率高达75%。

图11-27 《涂鸦跳跃》画面

11.1.5 策略模拟类

丧尸围城高清版（GRave Defense HD）

推荐指数：★★★★★

由Art Bytes推出的Android版《丧尸围城高清版》可以说是当今最不容错过的塔防游戏精品，除了场景丰富、人物众多、装备各异、挑战多样外，其最引以为豪的地方就是可以完美兼容各种分辨率的Android平板电脑，以平板电脑为平台的《丧尸围城高清版》都能保证全屏、流畅、刺激，如图11-28所示。

它还提供了动态场景的选项，画面逼真流畅。至于上天入地的各色妖魔鬼怪，结合其抗击打能力或行动速度差异，其造型或动态都表现到位，而各种武器的动作表现也足够尽职。在《丧尸围城高清版》中，常态的塔防策略基本都能使用，但同样需要玩家拥有较高的战术策略。

图11-28 《丧尸围城高清版》画面

模拟人生3　　推荐指数：★★★★

EA经典模拟人生系列游戏——《模拟人生3》，全新的游戏设计让广大玩家可以指挥独有的模拟市民在开放式生活社区内的活动，包括海边、山村及市中心在内的开放式区域四处闲逛，探索全新的精致。随时随地展开模拟人生，同时让玩家领略成为一地之长的乐趣，如图11-29所示。

在第一次游戏中，玩家可以根据本人的喜好去创建一个人物，无论是相貌还是着装都可以自由创建，创建好人物后，就可以正式进入游戏，玩家将在这个虚拟的城市里展开华丽的人生。

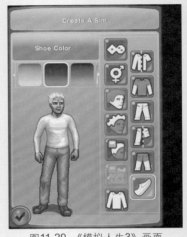

图11-29　《模拟人生3》画面

疯狂农场（Farm Frenzy）　　推荐指数：★★★★

《疯狂农场》（Farm Frenzy）是一款和QQ农场比较类似的经营游戏，这款游戏同样使用Android操作系统，用平板电脑体验感觉更为逼真。玩家每个关卡都会有系统给予的任务，若要过关，就必须完成这些任务，如图11-30所示。

想要获得疯狂农场的奖章，玩家就必须完成特定的任务，例如生产一定数量的牛奶，或者获取一定数量的鸡蛋。每一个新的奖章，都是具有

图11-30　《疯狂农场》画面

挑战性的，所以玩家必要时要增加虚拟仓库的容量，投入更多的钱来提高生产设备的性能。

决斗：刀锋与魔法（Duel:Blade & Magic）
推荐指数：★★★★

此款游戏同样是一款典型欧美风格的魔幻类游戏。进入游戏后玩家可以选择职业：战士或者女巫。游戏界面从左向右依次是人物信息、对战平台、竞技场、任务探索、世界排名与好友、商店。和经典的RPG游戏一样，玩家可以通过完成任务或

者竞技场获取金钱和经验，在商店购买装备，提升自己的战斗力，如图11-31所示。

此款游戏采用对战平台作战方式，而对战平台和竞技场的区别在于：前者对手比较弱，胜利后选取箱子获得奖励，后者在对战前要赌上押金，也比较有挑战。游戏还拥有精彩的宠物系统，可在人物信息的最后一栏宠物里发现捕获的宠物。

图11-31 《决斗：刀锋与魔法》画面

变形金刚（Transformers G1） 推荐指数：★★★★★

《变形金刚》这部电影可以说已经红遍大江南北，这款Android版本游戏的剧情和电影一样，讲述的是汽车人与霸天虎的故事。在游戏的规则和操作方面，是回合制战略加触屏控制，总体操作感不错，如图11-32所示。

不过从游戏的战略难度来说算不上很难，而且游戏并不是单纯的打打杀杀，还融入了收集能源、占领基地、修复升级汽车人等各种要素。而

图11-32 《变形金刚》画面

在地图画面中，不同的地形会有不同的加成效果，再以平板电脑的操作作为平台，画面可圈可点，而且团体作战还能给予更高的能力攻击加成。所以选择好地形和团体协作作战是制胜的法宝。

11.1.6 宜智童趣类

割绳子（Cut the rope） 推荐指数：★★★★★

期待已久的《割绳子》终于来到了Android平台上，这次真的是官方正式版了，如图11-33所示。

要想玩好割绳子这款游戏，首先要冷静思考，对整个场景有个大局上的认识，再构思一个大概的路线，尽量用上每一个机关，因为设计者不会提供没用的机关。另外，在打不开局面的情况下，不妨通过滑动、借力的方式制造机会，往往会有意想不到的效果。

Can Konckdown2 （砸罐子2）　　　　推荐指数：★ ★ ★ ★ ★

这是Android平台数百万用户不会错过的游戏。2010年画面精美的小游戏《砸罐子》（Can konckdown）出了第2版——《砸罐子2》（Can konckdown2），如图11-34所示。

游戏虽然是以已经被用烂的砸罐子作主题，经过iDeams之手效果简直可以媲美Zen Bound2。游戏中，玩家用手指控制小球，向上轻扫屏幕发球，用有限的球把架子上的全部罐子打下来即可获胜。游戏光影效果非常华丽，整个游戏的建模、色彩都很细腻，而且当玩家一球击倒所有罐子后，还会有慢动作特定。

图11-33　《割绳子》画面

图11-34　《砸罐子2》画面

墨水坦克 （Panzer Panic）　　　　推荐指数：★ ★ ★ ★

《墨水坦克》（Panzer Panic）是德国著名游戏厂商HandyGame出品的休闲射击游戏，游戏的背景画面很简单，就是一张褶皱的废纸，以这张废纸作为红军、蓝军的"战场"用钢笔简单勾画出的坦克就是玩家的作战武器，玩家作为蓝军的高级指挥官，利用自己的领导能力，充分调动所属机动车坦克部队战胜凶狠的敌人，如图11-35所示。

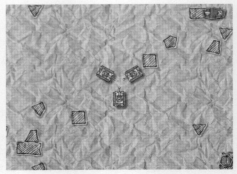

图11-35　《墨水坦克》画面

战争在绘图上爆发了！利用周边环境保护自己的部队不受墨水之火的攻击，或者把对面的路堵上。借助每次目标明确的射击用墨水弹药消灭所有不同颜色的坦克并注意不要错过任何有价值的运输车上的充电设备，在激烈的战役中消灭对手。

小鸡快跑（Run Run Chicken）

推荐指数：★★★★

《小鸡快跑》（Run Run Chicken）这款Android平板电脑游戏与其他流行休闲游戏一样，拥有操作简单、卡通风格、上手容易高分难的三大成功元素。玩家需要控制一只可爱的小鸡，为寻找妈妈，不停地奔跑跳跃，穿越高山，穿越雪地，不断通过各种障碍到达终点，如图11-36所示。

图11-36　《小鸡快跑》画面

游戏拥有四种不同的难度等级分别是：简单、正常、困难、生存。玩家可以选择性地挑战各种难度。同时游戏拥有小鸡人物解锁、等级升级、星级评分，以及大场景区域解锁系统，这个和《愤怒的小鸟》的系统很相似。

歪歪牧场

推荐指数：★★★★

《歪歪牧场》是冰狗软件有限公司圣趣互联团队推出的手机社区游戏，采用了目前最热的牧场题材，创新的配种系统和任务系统让游戏从烦琐的练级和偷窃过程中解放出来，获取更我乐趣，如图11-37所示。

故事情节是2102年YY星球污染日益严重，引起了部分火山的喷发，滚烫的岩浆瞬间湮没了无数的生命。身为星球守护者的图忒拉里族，将族

图11-37　《歪歪牧场》画面

中最聪慧的一对孩子海波里恩和德漠特尔送上了族里的实验UFO，让他们去寻找星球恢复往日生机的希望。

11.2　玩网络游戏

三国杀

推荐指数：★★★★★

《三国杀》号称当今最强的网络游戏，是一款集角色扮演、战斗、伪装等要素

于一体的多人卡片游戏，玩家可以通过在游戏中扮演不同身份的角色，利用手中卡片的技能击败敌对势力，最终称霸天下。游戏中美轮美奂的画面设计也体现了三国特有的文化气息，如图11-38所示。

《三国杀》平板电脑Android版保留了玩家最爱、也是最有趣味的联网模式，让天南海北的玩家能够通过网络齐聚一堂进行游戏。《三国杀》

图11-38 《三国杀》画面

沿袭并改进了原有的三国杀线上版本背景构图，兼顾平板电脑用户的操作习惯，优化了背景和界面功能，给用户完全不一样的杀闪体验！

《三国杀》支持联网模式，可使用NET接入和Wi-Fi网络，暂不支持WAP接入，可使用盛大通行证登录，让各位玩家无论身处何地，都能在线进行游戏。

烙印   推荐指数：★★★★

《烙印》是3D建模转2D，画面细腻，人物逼真，一动一静，Android系统将其展示得淋漓尽致，令人领略完美的画面，具有PC风范。在操作方面，支持多点触控，四方行走，让玩家完美体验PK快感。PK的操作性，富有悬念的结果，可使玩家感觉更富有挑战性，如图11-39所示。

总之，《烙印》这款游戏给玩家带来的是视觉盛宴，是激情的展现，蓄势待发的王者已经从沉默中爆

图11-39 《烙印》画面

发！随着Android版的上线，游戏开发商将会不断更新游戏的画面、道具和地图。

欢乐王国（Haypi Kingdom）   推荐指数：★★★★

《欢乐王国》是一款大型多人网络游戏，游戏背景设定在中世纪。玩家在游戏国度中扮演的角色是一名骑士，玩家可以把握整个王国的命脉，而这就需要玩家拥有运筹帷幄的本领——提高资源生产、开荒冒险、收获奇珍异宝，配备先进的生产力，扩张军队的规模等，并且需要与其他选手竞争，角逐最强王国的宝

座，如图11-40所示。

在游戏中玩家不会感到孤单，因为通过网络玩家可以和成千上万世界各地玩家争名逐利。这款游戏的另一大特色就是还可以和其他玩家进行贸易协定、结盟，游戏支持交战、武装部队、开发技能、贸易、工会联盟和在线聊天互动。

图11-40 《欢乐王国》画面

二战风云　　推荐指数：★★★★★

《二战风云》是一款少有的以战争为题材的网络游戏，该款游戏中玩家将亲自扮演一位统帅，占据一座城市，在战乱的世界中寻求生存和发展，最终建立强大而稳定的政权，根据意愿来印证或者改变历史的进程，游戏真实还原了二战武器装备，玩家可建造和指挥超过40种二战中双方的著名武器，随着科技发展，玩家甚至可以建行航母，来打造属于自己的航母舰队建立海上王国，如图11-41所示。

《二战风云》这款游戏非常需要玩家统筹兼顾的能力，算移动距离、时差、射程，即使在兵力上占绝对优势，只要指挥不当强者也会全军覆没。每种战争器材的速度、射

图11-41 《二战风云》画面

程、伤害、防御都不一样，需要搭配出阵，并且严格按照战术设定移动，才可以力保不败。此外，这款游戏的画面也相当可圈可点，立体感极强。

春秋　　推荐指数：★★★

《春秋》是一款以春秋时代为历史背景的大型多人在线的谋略网游。玩家将在游戏中扮演一位诸侯国的君主，带领国家发展壮大并力图统一大业！战火纷争、英雄辈起的春秋时代，流畅而华丽的画面，精心细致的游戏设计，绝对会带来一种君临天下的游戏体验，如图11-42所示。

作为一国之君，玩家需要带领国家的人民发展经济、训练部队及带领部队作战。玩家需要运用自己的智慧和策略将国家治理得井井有条，使人民安居乐业，官

吏各司其职、军队兵强马壮。玩家的最终目标是通过努力完成称霸列国、笑傲江湖！游戏画面流畅、绚丽，并支持3G网络，专为Android平板电脑开发的大屏幕版保证了极高的游戏效果。

QQ欢乐斗地主　　　推荐指数：★★★★

《QQ欢乐斗地主》是腾讯公司专为喜欢"桌游"的用户开发的Android游戏，游戏中使用欢乐豆作为游戏积分，只有当欢乐豆累积到一定数目才能开始游戏。在游戏中，系统提供明牌、抢地主、翻倍等多种功能，且支持场景切换、道具使用等超炫效果，如图11-43所示。

因为此游戏采用Android操作系统，所以操作起来较为简便，无论是出牌还是功能使用只要根据提示单击屏幕上的图标即可。更值得一提的是此款游戏的主题背景音乐欢快、明朗、幽默。而且，《QQ欢乐斗地主》游戏无需安装，只要下载一个QQ游戏即可，只要会斗地主，人人都可以成为该游戏的粉丝。

图11-42　《春秋》画面

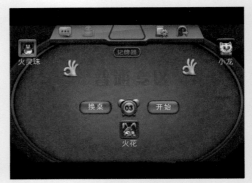

图11-43　《QQ欢乐斗地主》画面

11.3　玩模拟器

11.3.1　FC红白机模拟器

说到FC，可能有些朋友不太清楚是什么，可要提到小霸王，那绝对就是无人不知无人不晓的。

FC全称为Famicom（由Family Computer变化而来），在美国则称为Nintendo Entertainment System，简称NES。因为机身由红白两色组成，所以也被称成红白机，是日本任天堂公司在1983年生产的游戏主机。20世纪八九十年代，FC风靡中国，并有不少国内厂商开始山寨这台主机，小霸王就是其中最著名的厂商，相信国内大多数玩家小时候的游戏经历都是从FC开始的，如超级玛丽、魂斗罗、松鼠大作战等经典作品都是小时候最美好的记忆。

Nesoid是Android平板电脑上最知名的FC模拟器，它提供了非常完美的游戏模拟体验，画面的流畅度和声音表现都非常完美。除此之外，如果Android平板电脑能够外接键盘，还可以在模拟器中自定义实体按键，使用外接键盘来玩FC游戏。不过任何主机模拟器除了需要模拟器软件本身以外都还需要游戏ROM的支持，这款模拟器的使用非常简单，具体步骤如下所述。

图11-44 "Nesoid"主界面

安装并打开模拟器，单击左上角的小螃蟹图标，如图11-44所示。这时，模拟器会自动打开手机内置的电子市场并找到一款软件Emulator Game List，如图11-45所示。下载安装这款名为Emulator Game List的软件，其作用是在线下载游戏ROM。

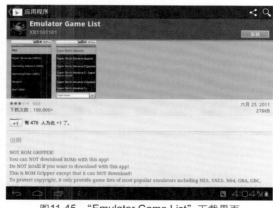

图11-45 "Emulator Game List"下载界面

安装完毕后运行软件，下面利用Emulator Game List来搜索ROM并进行下载。在列表中单击NES，从中找到想要下载的游戏，然后单击Download按钮，下载好以后，单击Play按钮就可以在Android平板电脑上重温FC的经典游戏了，如图11-46所示。

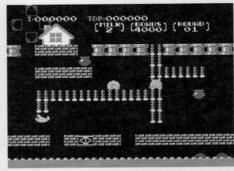

图11-46　FC游戏界面

如果有已经在电脑上下载好的ROM，则将ROM复制到储存卡根目录roms/nes，然后打开模拟器在nes下的文件列表中找到ROM即可，如图11-46所示。

图11-47　ROM选择界面

11.3.2　任天堂掌机GBA

GBA是任天堂开发的一款掌上游戏机，全称为GameBoy Advance。这台小巧的掌机拥有比SFC还要强大的机能，也是第一款能够支持3D画面的掌上游戏机。

和前面介绍的模拟器一样，这款名为GameBoid的GBA模拟器也是由同一家公司开发的，因此使用方法依然完全相同，即安装好模拟器后运行Emulator Game List，下载GBA游戏ROM，运行即可，如图11-48所示。

图11-48　GBA游戏界面

不过需要注意的是，GBA模拟器需要用到一个BIOS文件，玩家只需在GameBoid中的GBA BIOS文件所存储的位置选择文件就可以正常游戏了，如图11-49所示。如果想玩其他的ROM，只需将下载好的ROM复制到储存卡根目录下的roms/gba目录下，再用模拟器运行即可。

图11-49　GBA BIOS选择界面

11.3.3　索尼PlayStation

PlayStation是索尼公司进入游戏机市场的第一款主机，将凭借FC独霸天下的任天堂拉下神坛，并且在此后的多年都无法超越索尼公司在家用主机市场的地位。

和其他几款模拟器不同，这款名为FPse的PS模拟器并没有在软件中附带ROM下载的功能（因为游戏太大了），而是提供了一个链接到机锋网的游戏下载地址，玩家需要用电脑下载后再复制到平板电脑储存卡中（最好放在二级目录下）即可。

使用的时候同样非常简单，打开模拟器，找到游戏文件的目录，然后打开即可。在这里打开已经下载并复制到Android平板电脑中的游戏ROM后，就可以开始游戏了。

 在模拟器主界面和"关于"页面，提供了详尽的图文教程。同时，模拟器中还提供了丰富的设置选项，可以根据教程设置好模拟器。

读书笔记